올바른 다이어트 시스템

비워라! 태워라! 채워라!

올바른 다이어트 시스템

비워라! 태워라! 채워라!

2014·서영

머리말

우리사회에 소위 '살과의 전쟁'이 넘쳐나고 있습니다. 우리가 언제부터 이렇게 먹을거리가 풍부해지고 배고픔의 고통에서부터 해방되어, 이제는 바야흐로 매일매일 살과 전투를 치르며 살게 된 것일까요. 불과 50-60여년도 채 되지 않았을 겁니다.

이미 국제보건기구(WHO)나 미국의사협회(AMA)에서 비만을 장기간 치료를 요하는 질병으로 규정하고 이에 대한 특별한 조치를 취할 것을 촉구하고 있는 등, 전 세계는 비만을 단순한 개인의 생활상의 결과로 나타난 문제가 아닌 정식 질병으로 인정하고 있는 형편입니다. 우리나라에도 벌써 비만인구가 성인인구의 대략 3분의 1에 해당되어 근 900만 명 가까운 사람이 비만의 범주에 들어서 있다고 합니다.

매일같이 언론보도나 TV 프로그램을 통해서, 또는 인터넷을 검색해보면 수많은 다이어트와 살을 빼는 특별한 방법들이 쏟아져 나오고 있습니다. 또 많은 사람들이 병원을 찾아서 전문의 선생님들의 시술을 받기도 하고, 가까운 헬스장에서 살을 빼기 위해서 수없이 많은 구슬땀들을 흘리고 있지요.

지금까지 인류가 만들어내고 개발해온 다이어트의 방법만 해도 무려 3만여 가지나 된다고 합니다. 그럼에도 여전히 많은 분들이 살을 뺐다 다시 찌고, 뺐다가는 다시 찌는 요요의 악순환에 시달리고 있는 것도 사실입니다. 그만큼 비만의 원인과 관리에 대한 정확한 인식과 지식체계가 부족하다는 말이지요.

저희 대한비만관리사협회에서는 이러한 지금의 현실에 맞추어, 현재 많은 관련 종사자들에게 올바른 비만관리와 다이어트에 대한 교육을 실시해오고 있습니다. 이러한 비만관리와 다이어트에 대한 교육을 시행하면서, 비만의 원인과 정의부터 다이어트 시행과 사후관리에 대한 전일적이고도 체계화된 내용을 정리해서 내놓아야 되겠다는 판단을 하였습니다.

여기에 저희 협회에서 정리한 올바른 다이어트 시스템 책자는 무슨 획기적이거나 특별한 방법을 기술한 것은 아닙니다. 다만, 기존의 다이어트에 관한 지식과 정보를 종합하여, 일반인 누구라도 비만과 다이어트에 대한 올바른 지식체계를 가질 수 있게끔 도움을 드리는데 초점을 맞추어 정리를 하였습니다.

많은 비만인들이 어떠한 이유로 어떠한 경로로 현재의 비만인 상태로 오게 되었건 대부분은 소위 행복호르몬인 세로토닌이 부족한 잠재적 내지는 현재적 우울증 환자임을 감안할 때, 궁극적으로 다이어트란 내 안의 사랑을 회복함으로써 내면의 건강은 물론 외면의 아름다움까지도 찾을 수 있게 해주는 사랑의 행위, 연민의 행위라고 저희는 이해합니다.

아무쪼록 많은 분들이 다이어트에 대한 올바르고 정확한 지식과 지혜를 가지고 나눔으로써, 살로써 고통 받는 많은 분들에게 조금이라도 도움이 되었으면 하는 바램입니다.

대한비만관리사협회 자격심의위원장

저자 박대우

비워라! 태워라! 채워라!

1. 비만의 정의

1) 체질량지수(BMI, Body Mass Index)

비만은 그냥 쉽게 생각하면 적정한 수준 이상으로 살이 찐 것입니다. 여기에서 말하는 '살'이란 내 몸 겉과 속의 지방, 즉 체지방을 말합니다. 비만의 주요 지표로는 몇 개가 있는데, 체질량지수(BMI), 체지방율, 허리둘레 등을 들 수 있습니다. 흔히들 가장 많이 사용하는 지수가 BMI(Body Mass Index)인데 체중(kg)을 키(m)의 제곱으로 나눈 것입니다. 예를 들어 체중이 60kg, 키가 170cm이면, BMI 수치는 60÷1.7÷1.7=20.76이 되는 것입니다.

국제보건기구(WHO) 기준으로는 18.5-25 사이가 정상으로, 25이상은 과체중, 30이상은 비만으로 규정합니다. 그러나 우리 같은 동양인의 경우에는 23 이상이 과체중, 25 이상을 비만, 30

이상은 고도비만으로 규정합니다. 그런데 이 BMI 지수의 경우에는 좀 문제가 있습니다. 예외적인 경우가 너무 흔하고, 같은 수치를 보이더라도 비만과 관련한 각각의 세부적인 몸 상태는 천지차이일 수 있기 때문입니다. 그리고 남녀 간의 차이에 따른 구분도 없습니다. 예를 들어 우리나라 씨름선수들 같은 경우에는 수치상으로는 전부 고도비만이지만, 건강상의 문제는 아주 드뭅니다. 또 같은 정상 범위의 수치에 있다 하더라도 한 사람은 근육으로 이루어진 대단히 건강한 몸이지만, 또 다른 한 사람은 소위 '물살'로만 이루어진 문제투성이 몸일 수 있는 것입니다. 이런 경우는 옷을 벗고 보면 보통사람의 눈으로도 쉽게 구별될 수 있지요.

2) 체지방률

그래서 의학기술의 발달로 우리 몸의 구성성분을 측정할 수 있게 되면서 체지방률이 비만의 주요지표로 등장합니다. 체지방률은 우리 몸 중에서 지방이 차지하는 비율을 말하는데, 가까운 보건소에 가면 흔히 인바디(Inbody)라고 하는 측정기계를 통해 무료로 손쉽게 측정할 수 있습니다.

대한비만학회에서도 비만의 정의를 '과도하게 체지방이 축적된 상태'라고 규정하고 있고, 따라서 다이어트는 '과도한 체지방을 적정한 수준으로 줄이는 행위'라고 할 수 있겠습니다.

체지방률의 경우에는 남녀 간의 차이를 고려해서 여성의 경우에는 30% 이상, 남성의 경우에는 25% 이상을 비만으로 보고 있습니다. 여성의 몸에 일반적으로 지방이 더 많이 축적되어 있습니다. 이는 남녀간의 생명현상에 대한 역할을 생각해보면 쉽게 이해가 가능합니다.

체질량지수와 체지방률을 비교할 때 아주 흥미로운 사실 하나는 바로 미스코리아 대회에 출전하는 멋진 몸매의 젊은 여성들 중에 적지 않은 숫자가 비만이라는 겁니다. BMI 수치로는 날씬하다 못해 가냘프기까지 하지만 체지방률은 비만의 범위에 드는 거지요. 이런 경우를 '마른 비만'이라고 하고, 사실상 비만 중에서 더 위험한 경우라고 합니다.

사실 우리 인간이 비만이니 하면서 '살과의 전쟁'을 벌이기 시작한 것이 불과 언제부터입니까. 겨우 4-50년 되었을까요. 물론 아직도 '쌀과의 전쟁'을 하고 있는 나라도 있긴 합니다만. 서양의 경우를 보면 패스트푸드가 시작된 1960년대부터 아니겠습니까.

예전의 2차 대전 당시를 다룬 영화들을 보면 뚱뚱한 사람들은 극히 보기가 드뭅니다. 그리고 밤에도 이렇게 불이 환하게 켜져서 잠 안 자고 활동하는 것이 가능한 것은 언제부터였지요? 보편적으로 되기에는 겨우 5-60년 정도 밖에 되지 않았습니다.

지금의 현생인류의 조상은 '호모사피엔스 이달투'라고 하는데 그 시작이 약 16만 년 전이랍니다. 그럼 그때부터 따져보면 우리 인류가 살아온 16만년동안 생존을 위해서 에너지를 낼 수 있는 물질을 시간 나는 대로 입에 집어넣으면서, 낮에는 활동하고 어두워지면 잠드는 생활은 대략 15만 9천 몇 백 년하고, 이제 먹을 것이 풍족해져서 '살과의 전쟁'도 하면서, 해는 져도 어두워지지 않아 밤에도 낮처럼 활동해온 시간은 불과 백 년도 되지 않는 것입니다. 따라서 우리의 겉모습은 지금 보듯이 대단히 세련되고 그럴싸해졌는지 몰라도, 우리 몸속의 유전자는 거의 원시상태와 별반 다를 것이 없는 것입니다.

그래서 나중에 살펴보겠지만 우리 위에서는 30분마다 끊임없이 '먹어라'는 그렐린 호르몬이 작동하는 것입니다. 지금에야 이런 호르몬의 필요성에 대해서 의문이 듭니다만, 아직도 그렐린의 명령에 충실히 따른다면 즉시 '원시인' 되는 겁니다. 원시인 되기 참 쉽습니다.

원시시대 남자의 주요임무는 사냥과 전투입니다. 여자는 출산, 양육과 동굴의 관리입니다. 남자는 목표물을 추적해서 싸워서, 지면 죽거나 이기면 포획물을 짊어지고 동굴로 돌아옵니다. 와서는 던져주고는 구석에 가서 쉽니다. 참 단순합니다, 그래서 말이 필요 없고 말을 할 줄 모릅니다.

우스갯소리로 우리나라 남자들 중에서도 개중 무뚝뚝하다는 경상도 남자는 할 줄 아는 말이 세 마디랍니다. 회사 퇴근해오면 '밥 줘(Give me a dinner.)', '애는?(Where is the kid?)', '자자(Let's sleep.)'

반면에 여자는 남자가 사냥나간 동안, 애들 키우고 돌보면서 동굴을 관리하고 가꿉니다. 그래서 여자들은 소통을 중시하고 소통에 능합니다. 말 못하는 여자 봤습니까. 간혹 자기는 말 못한다고 빼다가도 한 번 시켜놓으면 날 새는 줄 모르는 여자들 많습니다. 그래서 남자들이 여자들과 대화를 하거나 말을 들어주려면 특단의 각오와 노력이 필요합니다. 그러다 보니 남자들은 자기들 좋아하는 취미에 집중하면서 '말없이' 휴식을 취하고, 여자들은 무엇을 하건 '말로' 휴식을 취합니다.

남자들도 술 마시면 말이 많아진다고요? 아닙니다. 술 마시기 위해서 말하는 것이지, 술 다 마시면 말 안합니다. 여자들은 술 마시더라도 술 마시기 위한 것이 아니고 말할 분위기 조성용입니다.

사냥꾼 남자에게 지방이 많이 축적되기도 어렵지만, 축적되면 추격과 전투에 불리합니다. 그래서 피하지방도 옅습니다. 나이 들어 지방이 쌓이더라도 뛰고 달리는데 덜 불편한 내장 쪽에 자리를 잡습니다.

여자들은 뱃속에서 소중한 생명을 키워야 하고, 또 만일의 에너지 공급중단을 감안하여 가능한 많이 지방을 축적해야 합니다. 그래서 피하지방도 두텁고 아기집 보호와 에너지공급을 감안해 자궁 주위로 아랫배, 엉덩이, 허벅지 등으로 지방을 저장합니다. 당연히 여성의 체지방률이 남성보다 높을 수밖에 없고 의당 그러해야 합니다. 그래서 여성들이 추위도 덜 탑니다.

겨울에 오만 멋을 낸다고 외투에 목도리에 모자까지 하고도 하의는 실종인 아가씨들 많지요. 남자처럼 추위타면 불가능한 일입니다. 사실 술도 작정하고 마시면 남자들이 여자 못 당합니다. 남자들이 술 마시는데 익숙해서 그럴 뿐이지요.

3) 허리둘레

비만의 주요지표 이야기로 돌아갑니다. 그러니까 BMI 보다 더 정확한 비만의 지표는 체지방률이라는 겁니다. 그리고 또 한 가지 간단하게 가늠할 수 있는 지표는 허리둘레입니다. 체지방

중에서도 우리 건강에 적신호를 보내는 것은 주로 복부 내장지방입니다. 피하지방은 보기는 좀 그렇지만, 건강상 별다른 문제를 일으키지는 않습니다. 문제가 되는 것은 내장지방입니다. 이 내장지방의 축적상태를 나타내는 것이 허리둘레입니다. 개인 간의 차이는 차치하고 단순화해서 여성은 85cm(33.5인치), 남성은 90cm(35.5인치) 이상이면 과도하게 내장지방이 쌓인 것입니다. 비만이라는 말이지요. 그래서 허리띠를 줄이면 줄인 만큼 그 수명이 늘어난다는 말이 사실입니다.

2. 비만의 원인과 전개

　이러한 비만의 원인은 식습관, 호르몬, 유전적, 환경적 요인 등 여러 가지가 있을 수 있지만, 무엇보다도 현대인의 비만에는 불균형한 생활이 주를 이룹니다. 생활습관병이라는 거지요. 비만 자체로도 문제가 되는 것은 당연하지만 비만이 여타 질환, 특히 고혈압, 당뇨, 고지혈증 등의 전초격인 대사증후군으로 이어져 대략 사망의 4분의 3 정도의 직간접적인 원인이 된다고 합니다.

　참고로 비만과 고혈압, 당뇨, 고지혈증을 죽음의 4중주라고 한답니다. WHO도 이미 비만을 '장기간 치료를 요하는 질병'으로 규정하고 있습니다.

1) 생활 습관적 원인

가장 우선적으로 생각되는 비만의 원인은 식사와 운동습관을 포함하는 생활 습관적 원인입니다. 군것질, 불규칙한 식사시간, 결식, 폭식, 야식 등의 증가 및 패스트푸드 등 고칼로리 식품의 잦은 섭취와 외식 등으로 인한 과다열량의 섭취가 비만의 주요 원인이지요. 그리고 여기에 운동을 포함한 활동량의 부족이 덧붙여집니다.

비만인 분들을 보면 대부분은 움직이려 하지 않으며, 운동이 부족한 소극적 생활을 하는 경우가 많습니다.

2) 환경적 원인

환경적 원인은 생활 습관적 원인과도 상당부분 연결되는데, 경제적 성장과 산업구조의 변화로 말미암아 현대인들의 생활여건이 점차로 외부활동이 줄어들고 이동시에도 자동차를 이용함으로써 육체적 움직임이 줄어드는데 있습니다.

놀이시간 부족, TV시청, 컴퓨터 게임 등으로 인한 실내생활 증가와 교통기관 및 자동차 기기의 발달 등의 생활여건이 비만의 환경적 요인으로 등장합니다.

그리고 일부 대도시의 경우 등에 주로 적용될 수 있는 부분인데요, 납(Pb)이나 수은(Hg), 카드뮴(Cd), 비소(As), 알루미늄(Al) 등 중금속의 오염과 축적 등이 부분적으로 비만의 원인으로 작용할 수도 있습니다.

3) 유전적 원인

부모가 비만인 가정의 자녀는 대체로 비만이 될 확률이 높습니다. 통계적으로 볼 때, 부모 양쪽이 모두 비만인 경우에는 대략 아동의 80% 이상, 한쪽만이 비만인 경우에는 40% 정도가 비만으로 나타난다고 합니다. 물론 부모가 모두 비만이 아닌 경우에도 아동의 5-10% 정도는 비만이 될 수 있습니다.

이렇게 통계적으로 가족과 관련이 나타나는 것은 가족의 식생활 방식과도 관련이 있으므로 유전에 의한 영향만을 분리하여 알아보기는 쉽지 않습니다. 그러나 부모로부터 물려받은 체질적 성향과 그 가족의 식습관이 복합적으로 작용하고 있음은 사실일 것입니다.

최근에는 우리 몸속의 유전자들 중에서 비만과 관련이 깊은 유전자를 찾아내어, 이들 유전자의 발현(Expression)을 조절함으로써 비만을 막으려는 연구도 많이 진행되고 있습니다.

4) 정신적 원인

마지막으로 중요한 비만의 원인은 스트레스, 우울증 등 정신적 원인과 관련된 것입니다. 불안, 슬픔, 욕구불만, 각종 스트레스를 먹는 것으로 푸는 습관이지요. 즉 비만으로 어려움을 겪고 있는 많은 분들에게서 감정의 미숙, 부모의 과잉보호로 인한 영향, 열등의식 등을 볼 수가 있습니다. 또한 사회에의 적응곤란, 학업성적 불량 또는 부모의 사랑이 결핍된 경우에도 이러한 불만을 해소

하기 위한 수단으로 음식물을 과잉 섭취함으써 비만의 원인이
되는 경우를 흔히 보게 됩니다.

5) 당 뇨

비만과 밀접한 당뇨에 대해서 말씀드리겠습니다. 당뇨란 말 그
대로 소변으로 당이 배출되는 '설탕오줌'을 말합니다. 섭취한 영
양분이 제대로 에너지로 전환되지 못하고 혈액 속에 머물다 배출
되는 겁니다.

선천적으로 당의 에너지대사 작용에 필수적인 호르몬 인슐린이
부족한 제1당뇨(소아당뇨)외에 후천적으로 인슐린의 작용이 떨
어진 제2당뇨의 경우에는 야식, 폭식, 과식, 과음 등 불규칙한
식습관과 고기, 패스트푸드 등 건강하지 못한 식습관이 그 바탕에
있습니다.

비만이 우리 몸이 필요한 에너지보다 더 많이 섭취하여 소모되
고도 남은 나머지가 지방으로 축적된 결과라면, 당뇨는 섭취한
에너지원을 에너지로 잘 전환시키지 못해 몸 안에 지방으로 축적
하고, 또 미처 축적하지 못한 부분은 소변으로 배출하는 것이라고
할 수 있습니다.

우리 몸은 인슐린이 많이, 그리고 자주 필요한 상황이 만들어지
면 좋지 않은데, 너무 많은 칼로리를 섭취하면 미처 소모되지 못
한 칼로리를 지방으로 전환시키기 위해 인슐린이 필요하고, 이러
한 상황이 자주 반복되다 보면 인슐린의 작용능력(감도, 수용성)
이 떨어져, 즉 인슐린 저항성이 커져 당뇨가 되기 쉽습니다. 즉,

비만은 당뇨로 가는 길목이라 할 수 있는 겁니다.

혈액 속에 미처 에너지로 전환되지 못한 당이 꽉 차 있다 보니 혈압도 높아져 고혈압이 되고, 마찬가지로 혈액내 지방성분이 높은 고지혈증으로 가는 겁니다.

몸속의 세포에서는 당이 에너지로 제대로 전환되지 않고, 혈액이 끈적끈적, 뻑뻑해져 적신호가 켜진 상태에서 남는 당을 지방으로 전환하랴, 소변으로 배출하랴 부대끼는 가운데 신장에는 무리가 가고, 신체말단의 미세혈관에는 혈액순환이 안 되어 백내장, 녹내장 등 눈의 질환이나, 손가락 발가락 끝부분에 상처가 나면 잘 낫지 않고 썩게 되는 등 합병증으로 가게 됩니다.

세상에 없는 게 3가지가 있고, 절대 변하지 않는 불변의 법칙도 있답니다.

없는 것 3가지는 공짜가 없고 우연이 없고, 사람이 마음먹어서 안 되는 불가능이 없답니다. 그리고 변하지 않는 법칙은 '내가 뿌리지 않은 것은 거두지 않는다'라는 것입니다.

병원에 가면 많은 환자들이 있습니다. 때로는 완치가 불가능한, 평생에 걸쳐서 투병을 해야 하는 분들도 많은데, 그런 분들을 보면 자신의 병에 대한 태도가 크게 두 가지로 나뉩니다.

한 부류는 자신의 처지를 순순히 받아들이는 순응의 자세를 보이며 자신의 책임으로 인정하는 반면, 또 다른 한 부류는 자신의 처지를 두고 끝임 없이 다른 누군가를 원망하면서 억울해 한다는 것입니다.

문제는 후자의 경우는 도대체가 치유의 가능성이 낮다는 것입니다. 무엇이든 떨어지는 것이 바닥을 치면서 위로 솟아오를 수 있는 것은, 모든 것을 자신의 책임으로 인정하고 받아들인 후의 일인 것입니다. 그래서 질병의 핵심 키는 환자 본인이 쥐고 있습니다.

비만을 전문적으로 치유하는 전문기관에서는 처음 환자를 접할 때 '자기 존중성 테스트(Self esteem test)'를 해서 극히 낮은 점수를 보이는 환자는 치료를 하지 않고 그냥 돌려보내기도 한답니다.

다시 당뇨 이야기로 돌아가면, 미국당뇨병학회에서 2003년 새롭게 제시한 당뇨의 판정기준에 따르면, 공복시 혈당수치가 80-100, 식사 시작부터 2시간 후에 140 미만이면 정상이며, 공복시 126 이상, 식후 2시간 200 이상이면 당뇨로 판정합니다. 공복시 100-125면 공복혈당장애, 식후 2시간 140-199이면 내당능장애라고 하며, 공복혈당장애와 내당능장애는 제대로 관리하지 않고 방치할 경우 수년 내에 당뇨로 발전할 가능성이 매우 높습니다.

6) 혈당지수(GI, Glycemic index)

음식과 관련해서는 혈당지수(GI, Glycemic index), 즉 우리 혈액 속의 당 수치를 얼마나 높이는가 하는 지수가 낮은 음식을 섭취하는 것이 좋습니다. 혈당지수는 0에서 100까지로 나뉘는데 순수설탕 50g을 100으로 했을 때의 상대수치로 70이상이면 매우 높은 편, 55이하는 낮은 편입니다.

당연히 곡채식이 낮고, 패스트푸드, 과자 등은 매우 높습니다.

곡채식이라도 밀가루음식보다는 밥이 낮으며, 흰 쌀밥보다는 현미밥이 낮으며, 감자보다는 고구마가 낮습니다.

간혹 주위에 감자를 좋아하시는 분들 보면 뚱뚱하신 분들이 많습니다. 혈당지수가 낮을수록 일반적으로 비타민이나 미네랄 등 항산화 영양소가 더 풍부하게 들어 있습니다. 혈당지수가 높은 음식을 드시면 낮은 음식 때보다 인슐린 호르몬이 더 필요하게 됩니다.

7) 다이어트는 사랑의 회복

지금까지 비만에 대해서 이야기를 해왔는데, 그럼 다이어트는 비만을 정상상태로 회복하는 과정이라고 할 수 있겠습니다.

일반적으로 다이어트라 하면 대부분 외적인 미용만을 생각하기가 십상인데, 사실 우리 몸 내부를 조화롭게 하여 건강을 회복하는 것이 더 중요합니다. 그리고 한 걸음 더 나아가 더 중요한 사실은 우리 안의 사랑을 회복하는 것입니다. 이게 무슨 말인지 설명을 해 드리겠습니다.

우리가 섭취하는 음식물의 가장 기본적인 형태는 탄수화물, 즉 포도당입니다. 식물에서 이산화탄소와 물을 이용한 광합성 작용으로 만들어집니다. $CO_2 + H_2O = 6(CH_2O) + O_2$로 나타낼 수 있습니다. 광합성으로 만들어진 녹말은 원래는 아무런 맛이 없지만 입에서 씹으면 타액 아밀라아제(프티알린)의 작용으로 단맛이 나게 됩니다. 이 단맛이 바로 사랑의 맛입니다.

원래 사랑이란 하나님이 우리들 속에 가득 채워주신 것이며,

우리 모두가 사랑의 결실로 태어난 것이므로 우리 내부에는 원래부터 충만히 존재하는 것입니다. 그런데도 사람들은 그 충만한 사랑의 존재를 알지 못하고, 사랑이 결핍되었다고 느낄 때 이 사랑을 밖에서 구하고자 합니다. 밖에서 어디에서 사랑을 구하겠습니까? 그래서 이 부족한 사랑을 먹는 것(단맛)으로 대신 채우려고 하는 것입니다. 그래서 비만인 분들의 경우에는 대개는 사랑의 결핍을 겪고 있는 아마도 잠재적 내지는 현재적 우울증 환자인 것입니다.

그래서 다시 말씀드리면, 다이어트는 우선순위가 외적인 미용, 내적인 건강보다는 사랑의 회복이 더 중요한 것입니다.

흔히들 지금은 공감과 소통이 중시되는 시대라고 합니다. 만일 누군가와 공감, 아니 공명(共鳴)할 수 있다면 무슨 문제가 있을까요. 같이 울어줄 수 있다면 말이지요. 물론 여기에서 말하는 공명은 그 사람의 입장에 내가 빠져드는 맹목의 감정이 아닌, 차분하게 내 시선을 유지하면서도 그 사람의 입장을 느껴주는 연민의 마음입니다.

다이어트는 그 사람 속의 사랑을 다시 회복하게 도와서, 내적인 건강과 외적인 아름다움까지도 함께 얻을 수 있게 하는 사랑과 연민의 행위인 것입니다.

*(위의 내용은 대한비만학회 정회원이신 박순동 약사님께서 바디디자이너 아카데미(BDA) 다이어트 강좌에서 주로 전파하시는 내용입니다. 이 자리를 빌어서 박순동 약사님에게 감사를 드립니다.)

3. 음식물의 소화과정

1) 위

음식물의 소화과정에 대해서 알아보겠습니다. 우리가 음식을 입에 넣고 씹으면 침이 분비되는데, 침 속에는 녹말의 분해효소인 프티알린이 들어 있어 탄수화물의 소화를 도와줍니다. 입에서 씹어서 삼킨 음식물은 식도를 거쳐 위로 갑니다. 위는 우리 몸의 밥통인데요, 하루에 2리터 이상의 위액을 분비합니다. 위액은 산도 Ph2 정도의 강산으로 염산입니다. 이 염산은 위에서 생산되는 펩시노겐이라는 또 다른 성분을 펩신으로 활성화시켜 음식물 속의 단백질을 분해하도록 합니다.

침도 약간의 산성이지만, 위액이 강한 산성인 것은 음식물 속에 있을 지도 모르는 유해한 균들을 살균하기 위한 것입니다. 일차적인 우리 몸의 방어체계라고 할 수 있지요. 예전에 우리가 벌레에

물렸을 때 침을 발랐던 기억나시지요? 그게 바로 소독입니다. 위벽이 그토록 강한 산성에도 불구하고 멀쩡할 수 있는 것은 뮤신이라는 점액질의 물질이 위벽을 보호하기 때문입니다. 이렇게 위에서 살균되고 녹여서 죽처럼 만들어진 음식물은 십이지장을 거쳐서 소장으로 갑니다.

위는 사람마다 크기가 다르지만 1,000cc 정도인 사람도 있지만, 과식을 일상적으로 하게 되면 늘어나서 3,000cc가 되는 사람도 있습니다.

전에 TV에서 먹보 일본인 여성을 본 적이 있는데 덩치가 별로 크지도 않은데도 앉은 자리에서 초슈퍼 사이즈의 햄버거를 20개를 먹고도, 국수를 30여 그릇 더 먹더군요. 그 여성은 위가 엄청나게 커서, 등 쪽으로까지 늘어져 있다고 했습니다. 아마도 전생이 소였는지도 모르겠습니다.

2) 십이지장 : 쓸개와 이자

십이지장은 손가락 12개를 횡으로 겹친 길이라고 해서 십이지장이라고 한답니다. 음식물이 십이지장을 지날 때 본격적으로 음식물을 소화 처리할 군사들이 투입됩니다. 우선 담낭(쓸개)에서 담즙이 분비됩니다.

담즙은 간에서 콜레스테롤을 원료로 하루에 0.5-1리터 정도 만들어지는데, 쓸개에서 20배로 농축이 된답니다. 이러한 담즙은 음식물 중의 지방성분을 분해하는 역할을 하며, ph7.8-8.6의 염기성(알칼리성)으로 위에서 만들어진 산성을 중화시키기도 합니다. 강한 산성 상태의 음식물이 그대로 소장으로 들어가면 큰일 나겠지요.

이 담즙은 지방의 소화를 돕다가 소장에서 95% 정도 흡수되어 재활용됩니다. 식이섬유를 많이 섭취하면 이 담즙을 많이 끌고 나가 간의 해독에 도움을 줍니다. 담즙이 자꾸만 재활용되는 것은 튀김집에서 식용유를 갈지 않고 몇 날 며칠이고 계속 사용하는 것과 같습니다.

담즙이 원활하게 음식물 찌꺼기와 함께 몸 밖으로 배출이 되어야, 간은 저장한 지방성분으로 새로운 담즙을 만들어내어 부담을 줄이지요. 참고로 뒤에서도 언급될 커피관장이 이 담즙의 배출을 돕고, 올리브기름도 좋다고 하네요.

쓸개 얘기를 하니까 중국 역사에서 나온 와신상담(臥薪嘗膽)이라는 말이 생각나네요. '장작 위에 누워 쓰디쓴 쓸개를 핥는다'라는 말인데요, 복수를 위해 굴욕을 참으며 힘을 기른다는 뜻입니다. 춘추시대 오나라의 왕 부차가 아버지의 복수를 위해 장작더미 위에서 자면서 힘을 길러 결국 복수에 성공했고, 패한 월나라 왕 구천은 마구간 청소를 하고 부차의 똥 맛을 보면서까지 신임을 얻어 간신히 살아남아, 곰의 쓸개를 매일 핥으면서 다시 힘을 길러 부차에게 복수를 했다는 고사입니다. 비슷한 말로는 권토중래(捲土重來)라는 말이 있습니다.

사실 복수는 좋지 않은 것입니다. 낮은 의식이지요. 최고의 복수는 용서입니다. 용서라는 사랑의 힘만이 원수를 은혜로 바꿔놓을 수 있습니다. 예수님이 '원수를 사랑하라'고 하셨지요. 와신상담, 권토중래 하지 말라는 뜻이냐고요? 아닙니다. 와신상담, 권토중래 하되, 그 굴욕과 시련을 통해서 나 자신을 일으켜 세우고 더 성장하여, 복수를 넘어서라는 말입니다. '적에게 감사하라. 적이 나를 키운다'라는 말도 있지 않습니까?

십이지장으로 돌아갑니다. 위 뒤쪽에 췌장(이자)라는 기관이 있습니다. 소화에 있어서 매우 중요한 기관인데요. 이 췌장에서는 그 유명한 인슐린 호르몬이 나오지요. 인슐린과 관련해서는 뒤에서 다시 말씀드리겠습니다.

췌장은 ph8-8.5 정도의 알칼리성 췌장액을 하루에 1.5-2리터 분비하는데, 십이지장으로 본격적인 소화효소를 보내줍니다. 탄수화물을 소화하기 위한 아밀라아제, 단백질을 소화하기 위한 트립시노겐, 지방을 소화하기 위한 리파아제 등입니다.

3) 소장

소장에서는 본격적으로 음식물 속의 영양분을 흡수하기 시작하는데요. 약 6-7m 정도 되는 이 기관을 지나면서 소장의 모세혈관에서는 수용성 성분을 흡수하여 간문맥을 통해 간으로 전달하고, 혈관을 통하지 못하는 덩치가 큰 지방은 암죽관(유미관)을 통해 흡수되어 림프관으로 해서 간으로 갑니다.

여기서 한 가지 질문, 과연 입에서 항문으로 이어지는 소화기관은 우리 몸의 안일까요? 물론 우리 몸 안임이 분명하지만, 해부학적 정답은 아닙니다. 몸 바깥으로 봅니다. 음식물은 소장에서 흡수되고서부터 우리 몸 안으로 들어온 것으로 봅니다. 애기들 동전 삼키면 까맣게 녹슬어서 변과 함께 그냥 나오지요.

혈관계는 동맥과 정맥이 있습니다. 동맥은 심장이 박동하는 힘으로 흐르지만, 정맥은 근육의 힘으로 흐릅니다. 간문맥도 정맥인데 이는 간의 힘으로 흐릅니다. 즉, 간이 간문맥이라는 빨대로 소장에서 영양분을 쪽 빨아 당기는 형국이지요. 그래서 간이 시원찮으면 영양분의 흡수도 제대로 못하는 것입니다.

간은 우리 몸의 내장기관 중에서 가장 큰 기관인데 대략 1.2-1.5kg 정도이며 우리 몸의 종합화학공장입니다. 우리 몸으로 흡수되는 모든 성분을 간이 분석하며, 해독, 합성, 저장, 파괴의 기능을 합니다. 재생능력이 가장 뛰어난 기관이기도 한데요, 간에서 문제가 발생하면 거의 90% 이상 기능을 상실했을 때라고 합니다. 그래서 침묵의 장기라고도 합니다.

지방이 주로 다니는 림프계는 혈관계와 더불어 우리 몸의 양대 순환계를 이루고 있습니다. 림프관은 우리 몸의 호위 군사들인 림프들의 통로로서, 혈관계와 더불어 신체의 면역체계를 담당합니다. 면역체계는 백혈구(과립구)와 림프구로 이루어지는데 나중에 다시 자세한 설명을 드리겠습니다.

4) 대장

소장에서 영양분이 거의 다 흡수되고 소량의 미네랄과 수분만 남은 음식물 찌꺼기는 대장으로 넘어갑니다. 약 1.5m 정도인 대장의 상행결장, 횡행결장, 하행결장을 지나서 필요한 추가적인 미네랄과 수분이 흡수되고 S상 결장, 직장을 거쳐서 항문으로 해서 몸 밖으로 나갑니다.

음식물이 입으로 들어와 소화기관을 거치면서 필요한 영양분을 다 내주고 대장의 하행결장까지 와서 배설되기를 기다리는데 까지 만 하루 정도가 걸립니다. 하행결장이 얼추 차면 우리 몸은 변기를 느껴서 화장실로 가지요.

그런데 과거와 달리 현대인들의 식사에서 식이섬유가 풍부한 곡채식이 줄고 육식과 인스턴트, 패스트푸드 등이 늘면서 변의 양이 줄게 되었습니다. 이는 즉 변이 장에 머무는 시간이 늘어나는 것을 의미하고, 찌꺼기를 빨리빨리 적시에 내보내지 못하게 되면서 가스와 유해성분이 발생하여 우리 몸을 힘들게 합니다.

제일 이상적인 변은 매일 아침 잠자리에서 일어나자마자 바나나 같이 나오는 변이라고 하는데요, 이런 변 보시는 분이 글쎄 얼마나 될는지요. 음식물의 소화대사 과정에서 대장은 별반 중요한 기능을 하지 않는 것 같습니다만 그렇지 않습니다. 마지막이 좋아야 전체과정이 더 빛나는 것이지요.

특히나 간의 기능과 관련해서는 더욱 그렇습니다. 만일 장(腸), 특히 대장이 건강하지 못하면 가스와 유해성분이 발생하게 됨은 이미 말씀드렸듯이, 이러한 유해성분들이 그냥 몸 밖으로 나가면 좋으련만 그렇지 못하고 간문맥을 통해서 간으로 가게 됩니다.

우리 몸의 해독기관인 간은 이러한 유해성분의 해독에 최선을 다하지만 미처 처리하지 못한 성분들은 혈관을 타고 몸속으로 흐르게 됩니다.

이러한 성분이 각종 트러블, 특히 피부표면의 문제들을 야기하기도 합니다. 일반적으로 변비가 되면 피부건강으로 고생을 하기도 하지만, 이게 간하고도 복합적으로 연결된 문제인 것입니다.

장이 건강하지 못하면, 필연적으로 간에 부담을 주고, 결국 전체
적으로 우리 몸의 면역, 해독기능을 떨어뜨리는 것입니다.

4. 비만과 관련한 호르몬

1) 그렐린

음식물을 섭취하고 소화하고 지방을 저장하는 등 비만과 관련된 호르몬들을 알아봅니다. 먼저 '그렐린' 호르몬입니다. 그렐린은 위에서 매 30분마다 '배고프다, 먹어라'는 신호를 보내는 호르몬입니다. 이는 아마도 원시시대 때부터 생존과 관련하여 기회만 되면 먹어야만 했던 기억에서부터 여태껏 작동하고 있는 모양입니다.

요즘과 같이 먹을 것이 풍족해진 환경에서는 이미 이 호르몬의 중요성은 '글쎄요'입니다. 예전의 '그렘린'이라는 영화 속의 자가 증식하는 조그만 괴물을 연상시킵니다.

우리 뇌 중에서 식욕을 관장하는 부위는 간뇌의 시상하부입니다. 그런데 이 시상하부에는 식욕뿐만 아니라 수면욕, 수분섭취,

그리고 생존본능으로서 성욕에도 관여를 합니다. 그래서 만약 한 가지라도 제대로 충족되지 못하면 다른 것으로라도 대체하려고 하는 성향이 있답니다.

만일 배고픔을 느낀다면 이게 진짜 배고픔인지 가짜 배고픔인지 가리기 위해서 일단 물을 한 잔 마셔 보시기 바랍니다. 갈증을 배고픔으로 오인할 수도 있는 거지요. 때때로 '그렐린'이 날리는 가짜 배고픔 신호에 휘둘리면 곤란하겠습니다.

2) CCK

다음은 장에서 분비되는 포만감을 전송하는 'CCK' 호르몬입니다. 우리가 식사를 마치고 20분 정도 지나면 최대로 포만감을 느끼는데 바로 이 호르몬 때문입니다.

사람의 위는 식사 중에 계속 늘어나다가 식사를 멈추고 20분 정도가 지나면 더 이상 늘어나지 않는답니다. 그래서 우리가 뷔페 같은데서 많은 양의 식사를 하려면 너무 빠르지 않은 속도로 일정한 페이스를 유지하면서 계속 먹어야지, 한참 먹고 쉬었다가 또 먹어야지 하면 더 이상 먹을 수가 없게 되지요.

아마 이것도 CCK 호르몬과 관련이 있지 않을까 생각됩니다. CCK 호르몬은 다음에 나올 렙틴 호르몬의 분비를 촉진합니다.

3) 렙 틴

'렙틴' 호르몬은 CCK의 자극으로 지방세포에서 분비되는데,

식욕을 관장하는 간뇌 시상하부에 자극을 보내어 '그만 먹어'라는 명령을 내리게 합니다. 그런데 이 렙틴 호르몬이 지방세포에서 분비되다 보니 체지방률이 높은 비만인의 경우에는 당연히 렙틴을 더 많이 분비해서 식욕을 억제할 텐데도 어째서 더 많이 먹는 걸까요?

그것은 당뇨에서 인슐린의 작용능력이 떨어지는 것과 마찬가지로 렙틴이 과다하게 발생하다 보니 뇌에서 수용체 기능이 저하되어 오히려 본래의 작용기능을 못하는 것입니다. 브레이크는 달려 있으되 너무 많이 밟아대다 보니 제동능력이 떨어진 것이지요.

4) 세로토닌

식욕과 관련해서 가장 중요한 호르몬이 바로 행복호르몬이라 불리는 '세로토닌'입니다. 이 세로토닌이 식욕을 관장하는데 세로토닌 세포는 뇌간의 솔기핵이라는 부분에 위치하며, 세포 수는 수만 개에 불과하지만 전체 뇌에 미치는 영향은 막대하답니다.

세로토닌의 원료는 아미노산의 일종인 트립토판이며, 낮에 햇빛을 보아야만 만들어지는 호르몬입니다. 참고로 간뇌의 송과선에서 분비되는 멜라토닌이라는 호르몬의 분비도 세로토닌이 유도하는데, 이 멜라토닌은 수면과 계절에 따른 신체적응, 그리고 면역에 관계하는 호르몬입니다. 그래서 사람이 우울하고 불행하면 바로 불면증입니다.

세로토닌은 중추신경계와 혈소판, 그리고 소화기관에서 발견되는데 특히 장에서 많이 작용을 합니다.

미국 컬럼비아대학의 신경생리학자인 '마이클 거손(Michael Gershon)' 박사는 세로토닌의 95%가 장에서 활동한다는 사실을 밝혀내어, 장을 '제2의 뇌(The second brain)'이라고 명명하기도 했습니다.

우리가 기쁘고 행복하면 별로 배가 고프지 않지요. 왜 '안 먹어도 배부르다'라는 말도 있지 않습니까. 정신적 만족감이 식욕을 대체하는 것입니다. 반대로 행복하지 못하면 그 허전함을 메우기 위해 정신없이 먹는 행위에 몰두하기가 쉽죠. 그래서 세로토닌이 풍부하면 먹고 싶은 마음도 덜하여 소화기관도 편하게 되고, 세로토닌이 부족하면 소화기관이 힘들고 지칩니다. 당연히 작용능력에도 무리가 가고 기능이 떨어지겠지요.

연애결혼 하신 분들이 잘 아시겠지만, 연애기간 중에 사랑하는 사람을 보면 왠지 가슴이 두근거리고, 호흡이 가빠지며, 동공이 확대되고, 얼굴이 붉어지는 그런 경험들 하셨지요. 이상하게 다른 사람을 볼 때는 아무렇지도 않은데 그 사람만 보면 그렇습니다. 이게 바로 세로토닌 호르몬 때문입니다. 사랑의 호르몬이지요.

근데, 아쉽게도 바로 그 사람에 의해서만 유발되는 세로토닌 호르몬의 분비는 1년 반에서 2년 정도, 길어야 3년을 넘기지 못한답니다. 그래서 연애도 너무 오래 되면 시들해지기도 하는 모양입니다.

정열과 열정도 사랑의 감정이긴 하지만 평상시의 차분한 감정과는 다르지요. 뭔가 일상적인 범위를 넘어선 것이며, 따라서 오래 지속되기는 쉽지 않습니다.

열정의 폭풍이 지나가고 나면 그 다음은 잔해만 남든지, 아니면 우정과 동지애로서 계속 함께 가든지의 선택일는지요. 누군가 이런 말을 하더군요, 열정에 속지 말라고. 그것은 아마도 겉으로 드러나는 식기 쉬운 냄비 같은 열정을 말하겠지요. 어쩌면 진정한 열정은 가마솥을 뜨겁게 유지해 주는 속불처럼 비록 겉으로 화려한 불꽃으로 확 타오르지는 않지만 언제까지고 지속되는 그런 것 아닐까요. 속열정이 밖으로 나올 때는 아마도 겸손과 용기로 표현될 것입니다.

5) 코티졸

스트레스 호르몬 '코티졸'에 대해서 말씀드리겠습니다. 이 코티졸은 대체로 행복 호르몬인 세로토닌과 반대되는 호르몬이라고 생각하면 쉬운데요. 우리가 급격한 스트레스 상황에 놓이게 되면 콩팥(신장)의 윗부분에 있는 부신이라는 기관의 겉부분(피질)에서 분비되는 호르몬입니다.

위급상황에서 맞서 대항할 것인가, 아니면 도주할 것인가를 결정해야 할 때 나오는데요. 사냥을 나갔는데 갑자기 멧돼지와 마주쳤다고 생각해 보십시오. 우리 몸의 주요 전투기관에 집중적으로 혈액과 에너지가 공급되겠지요. 그리고 그 순간에는 배고픔 같은 기초적인 생리현상은 뒤로 밀려나게 됩니다.

그러나 이러한 상황이 자꾸만 반복해서 일어나다 보면 소모되는 혈당의 보충을 위해서 식욕이 마구마구 일어나게 됩니다. 현대인들은 스트레스, 즉 행복하지 못한 상황을 먹는 것(단맛)으로 보충하려고 한다는 것은 위에서 말씀드린 바 있습니다.

6) 인슐린

다음은 혈당조절에 핵심적인 역할을 하는 '인슐린' 호르몬입니다. 인슐린은 소화액을 분비해주는 췌장의 랑게르한스섬 베타세포라는 곳에서 만들어지는데, 우리 혈액 속에 당의 수치가 올라가면 즉시 활동을 개시합니다.

당뇨에서도 말씀드렸듯이 우리 몸의 세포가 영양분을 받아들여 에너지로 전환시키는 활동에서 핵심적인 중개역할을 하며, 또 간과 근육에 예비에너지로서 당을 글리코겐으로 전환하여 저장하는 데에 작용을 합니다. 그리고 이러고도 남는 당을 지방세포에 축적시키는 데에도 관여를 합니다.

인슐린이 정말 중요한 호르몬이긴 하지만, 암만 해도 너무 자주 등장시키면 인슐린 자체의 작용기능도 떨어질뿐더러 췌장도 피곤하여 적시에 공급을 못해줄 수도 있습니다. '약모르고 오용말고 약좋다고 남용말자'라는 표어가 생각납니다.

7) 에스트로겐

마지막으로 비만과 관련해서 중요한 호르몬은 여성호르몬 '에스트로겐'입니다. 에스트로겐은 여성을 여성답게 하는 대표선수 호르몬으로서 콜레스테롤 조절에 중요한 역할을 합니다.

여성이 정상적으로 생리를 할 때까지는 몸에 지방이 쌓이더라도 주로 피하지방 쪽으로 해서 건강상의 큰 문제점은 없지만, 40

세 전후해서 갱년기를 지나면서는 에스트로겐의 공급이 들쭉날쭉해서 내장지방 쪽으로 가기도 하다가, 완전히 폐경기가 되면 본격적으로 내장지방 쪽으로 쌓이게 됩니다. 애기를 낳을 수 없으니까 보호기능이 해제되는 것 같습니다.

또 이 에스트로겐 호르몬은 뼈에서 칼슘이 빠져나오지 못하게 막는 파수꾼 역할도 하는데, 폐경기가 되면 이 기능을 상실하지요. 그래서 여성분들이 폐경기 이후에 골다공증이 높아지는 것입니다.

사실 여성들의 노년기 삶의 질을 떨어뜨리는 큰 요인 중의 하나가 바로 골다공증인데요. 골다공증은 뼈가 부러지기 전까지는 아무런 증상이 없습니다. 그러다가 실수로 넘어지거나 해서 뼈가 부러지고 나면 회복이 되지를 않고, 나머지 생을 병상에 누워서 그냥 그대로 보내시는 경우가 많습니다. 골밀도 검사 등을 받고 평시에 대비를 하셔야겠지요.

5. 영양소

　우리 몸이 필요한 영양소와 체내에서의 영양소 대사과정에 대해서 알아보겠습니다. 흔히들 3대 영양소라고 하면 탄수화물, 지방, 단백질을 말하고, 6대 영양소라고 하면 3대 영양소에 덧붙여 미네랄(무기질), 비타민, 식이섬유를 말합니다. 여기에 물을 더해서 7대 영양소라는 표현을 쓰기도 하더군요. 탄수화물, 지방, 단백질은 우리 몸이 활동에 필요한 에너지를 내기 때문에 거대영양소라고 하고, 비타민, 미네랄은 이러한 에너지 대사 작용의 촉매 역할을 하기 때문에 미세영양소라고 합니다.

1) 탄수화물
탄수화물은 가장 기본적인 에너지원이자 신경계와 혈관계 등의

필수 에너지원이기도 합니다. 즉 탄수화물은 반드시 섭취를 해주
어야 한다는 말입니다. 아밀라제 등의 소화효소에 의해 분해되어
기본적으로 포도당의 형태로 소장에서 흡수되어 간으로 갑니다.
전체 음식물 중에서 대략 60% 정도를 섭취하는 게 이상적입니
다.

2) 지방

지방은 만일을 대비해서 비축도 되는 고급 에너지원인데, 우선
은 피하지방으로 쌓여서 우리 몸을 따뜻하게 하고 외부 충격으로
부터 보호하는 쿠션 역할도 하며, 근육이 사용하는 에너지 원료의
70%를 차지합니다.

지방은 리파아제 등의 소화효소에 의해서 지방산과 글리세롤로
분리되어 소장에서 흡수되며, 림프관을 통해서 간으로 갑니다.
전체 음식물 중 대략 20-25% 정도를 섭취하는 게 좋습니다.
탄수화물과 단백질이 4kcal/g의 열량을 내는데 비해 지방은 9kc
al/g의 고열량을 만들어냅니다.

3) 단백질

단백질은 우리 몸을 구성하는 성분으로 사용되는데 주로 근육
이나 호르몬의 원료가 됩니다. 소장에서 트립신 등의 소화효소에
의해 아미노산의 형태로 흡수됩니다. 그런데 이 단백질이 에너지
원료로 사용될 경우에는 조금 문제를 일으킵니다.

탄수화물과 지방이 탄소(C), 수소(H), 산소(O)로 이루어진데 비해 단백질은 질소(N)가 추가되어 있습니다. 그래서 단백질을 에너지로 태울 때는 질소화합물이 암모니아의 형태로 배출됩니다.

그런데 이 암모니아는 매우 유독하기 때문에 간에서 덜 유독한 형태인 요소로 변화시켜서 소변으로 내보냅니다. 이 과정에서 우리 몸은 수분을 과도하게 소모하게 되며, 미처 소변으로 다 배설하지 못한 요소는 일단 요산으로 변화해 머물다가 차후에 다시 소변으로 나갑니다.

대개 어류는 암모니아의 형태로 그대로 내보내며, 포유류는 요소의 형태로, 하늘을 나는 새들과 파충류는 요산의 형태로 배출을 합니다. 새똥이 자동차 지붕 같은 금속에 떨어지면 그 부분이 부식되는 모습을 많이 보셨죠. 그만큼 유독하다는 말입니다. 단백질만 섭취했을 때의 문제점에 대해서는 뒤에서 다시 자세하게 다루게 됩니다.

4) 지방의 저장

이렇게 3가지의 거대 영양소는 간에서 에너지가 필요한 각 기관과 세포로 이동하며, 하루치 정도의 예비 에너지를 필요시 즉시 사용할 수 있도록 글리코겐의 형태로 간과 근육에 대략 400, 1,600kcal 정도씩을 저장해 둡니다.

글리코겐은 우리 몸의 에너지현금이라고 할 수 있습니다. 위에 인슐린 호르몬에서 말씀드렸듯이 글리코겐을 저장할 때 인슐린이

기능하고, 반대로 글리코겐을 당으로 풀어서 에너지로 쓸 때는 '글루카곤'이라는 호르몬이 작용하는데, 이는 췌장의 랑게르한스섬 알파세포에서 만들어집니다.

간에서 각 기관, 세포로 보내고 또 글리코겐으로 저장하고도 남는 영양분은 지방의 형태로 변화시켜서 저장을 합니다. 그런데 우리가 너무 많은 칼로리를 섭취함으로 인해서 간에 과도한 지방이 남겨지게 됩니다. 이게 소위 말하는 '지방간'입니다. 한 마디로 간이 붓는 겁니다. 남는 칼로리를 간에만 계속 저장해 둘 수는 없으니, 이 칼로리를 우리 몸의 지방세포에 옮겨다 두게 되는데 남자들과 여자들이 조금 다릅니다.

여성들은 주로 피하지방에 저장을 하나, 남성들은 피하지방보다는 내장(복부)지방에 축적을 합니다. 건강상으로 문제가 되는 것은 주로 내장지방이라고 이미 말씀드렸습니다. 그래서 같은 정도의 비만도라면 여성보다는 남성 쪽이 더 문제가 있는 것입니다. 그런데 여성이라도 갱년기를 거쳐 폐경기가 되면 남자와 마찬가지로 복부 쪽으로 지방이 몰립니다. 줄어든 에스트로겐의 영향입니다.

지방을 지방세포에 저장할 때는 지방을 지방산과 글리세롤로 분해해서 들여야 합니다. 이때 작용하는 효소가 LPL(Lipoprotein lipase)입니다. 이 LPL의 활성도가 높으면 지방축적이 급속하게 나타나고 낮으면 억제되겠지요. 그래서 제대로 된 다이어트 식품에는 이 지방의 분해와 저장에 관여하는 LPL 효소를 억제하는 성분이 포함됩니다. 대표적으로 홍화씨에서 추출한 공액리놀렌산(CLA) 성분의 불포화지방산 등이 그런 역할을 합니다.

한편 우리가 다이어트를 통해서 지방을 태우려면, 지방세포에서 지방을 분해해 밖으로 내보내는 역할을 하는 HSL(Hormone sensitive lipase) 효소를 활성화시킬 필요가 있습니다. 몸에 무리는 주지 않으면서 HSL을 활성화시키는 성분은 찾기가 쉽지 않은데요. 최근에 인도의 고대 의학경전인 '아유르베다'에 근거하는 '콜레우스 포스콜리'라는 식물의 성분(포스린 Forslean)이 HSL을 활성화시킨다는 보고가 있습니다.

5) 미네랄과 비타민

4번째, 5번째 영양소는 칼로리는 가지고 있지 않지만, 우리 몸의 대사과정에서 핵심적인 기능을 수행하는 미네랄(무기질)과 비타민입니다. 사실 비타민(Vitamin)이라는 용어 자체가 핵심 무기질(vital mineral)이라는 뜻입니다. 세포 내에서 이루어지는 에너지 대사과정을 들어서 설명을 드리겠습니다.

우리 몸은 약 60-100조개의 세포로 이루어져 있습니다. 이 세포 속에서 우리가 매일 매 순간 필요로 하는 에너지를 만들어내는데요. 세포는 혈관을 통해 혈액 속의 적혈구라는 배를 타고 온 산소와 포도당, 지방산, 그리고 비타민, 미네랄을 받아들입니다.

덩치가 큰 지방은 림프관을 통해 근처까지 와서는 세포내 연소를 위해 작은 지방산으로 나뉜 채, 적혈구를 타게 됩니다. 영양소가 세포에 도달하면 문을 열라고 벨을 누릅니다. 이 작용을 바로 '인슐린'이 합니다. 세포는 이때 전기신호를 통해서 문을 열어주는데, 이 전기 작용에는 '크롬'이라는 미네랄이 작용을 합니다.

그래서 크롬이 부족할 경우 당뇨가 발생할 수도 있습니다.

　세포 속에서 대부분의 에너지는 세포내 독립 소기관인 '미토콘드리아'에서 만들지만 우선은 세포질 자체에서 일부 에너지가 만들어지기도 합니다.

　이를 해당계 에너지라고 하는데 순간적으로 필요한 에너지 즉, 순발력을 발휘할 때 만들어지는 에너지로서 효율성은 떨어집니다. 반면에 우리의 일상적인 활동을 위한 대부분의 에너지는 미토콘드리아에서 만들어지며, 이러한 미토콘드리아에서 에너지가 만들어지는 과정을 'TCA싸이클'이라고 하는데 일련의 연쇄적인 대사과정이 반복해서 일어납니다.

　이 과정에는 반드시 비타민과 미네랄, 그리고 대사효소가 균형을 이루어 대사 작용을 돕게 됩니다. 만일 비타민과 미네랄이 부족하면 대사 작용이 불충분하거나 왜곡되게 되는 거지요. 결과적으로 우리 몸이 필요한 에너지를 충분히 생산하지 못하게 되는 겁니다.

　기본적으로 이러한 에너지 생산과정에서 반드시 핵심적으로 필요한 성분이 바로 비타민과 미네랄이라는 말입니다. 작다고 무시해서는 큰 코 다치게 되는 것과 같습니다.

　시중에 나와 있는 대부분의 종합영양제에는 이러한 비타민과 미네랄이 풍부하게 함유되어 있습니다만, 다만 선택을 할 경우에는 비타민의 경우 반드시 합성비타민보다는 천연의 식물성 비타민을 고르실 것을 권합니다.

　합성비타민은 대개 석유성분에서 추출한 것으로 일시적으로 비타민의 기능을 하기는 하나, 결국에는 우리 몸에 부담을 주게 되고 오히려 나쁜 결과로 이어지게 될 가능성이 큽니다. 그리고 단일한 성분의 비타민이나 미네랄 제품보다는 골고루 균형 있게 최적화된 종합영양제 제품을 선택하시는 것이 건강에 도움이 될 것입니다.

또한 겉으로는 같은 성분, 같은 함량을 포함하고 있다고 해도 사실상 중요한 것은 얼마나 우리 몸에 제대로 흡수가 되며(소화흡수율, Digestion-absorption rate), 또는 흡수가 되더라도 몸 속에서 얼마나 유효하게 사용되는가(생체유효도, Bioavailability) 등에 따라서 천양지차의 효과 차이가 난다는 것인데, 이러한 부분은 안타깝게도 우리가 알기가 사실 쉽지 않습니다.

'사이비(似而非)'라는 말이 있습니다. 비슷하게 보이지만 아니라는 말인데요, 무릇 제대로 된 것 주위에는 모양만 그럴듯한 것이 수십, 수백 개는 있게 마련입니다. 제대로 볼 줄 아는 안목이 필요합니다. 그러지 못할 경우에는 '구매자 위험부담'이 작용합니다.

6) 영양실조 : 균형의 상실

어떤 분들은 이렇게 말씀하십니다. '밥만 제대로 먹으면 되지 않느냐'고. 맞는 말씀입니다. 우리가 식사만 제대로 할 수 있으면 되지요. 서양의 의성(醫聖)인 히포크라테스가 이런 말씀을 했답니다. '밥으로 고치지 못하는 병은 약으로도 고칠 수 없다'고. 또 동양의 의학경전에는 식약동원(食藥同源)이라는 말이 있습니다. 음식과 약의 근본은 같다는 뜻이지요.

우리가 지금 비만을 주제로 이야기를 나누고 있습니다만, 영양실조에 대해서 잠깐 살펴볼까요. 과거의 영양실조는 주로 거대영양소의 부족으로 일어났습니다. 에너지원 자체가 부족했던 것이지요. 그런데 현대인의 영양실조는 거대에너지원의 부족이 아닌, 균형상실에서 오는 영양실조입니다.

무슨 말씀이냐면, 현대인들은 먹는 것이 부족해서가 아닌 균형상실에서 영양실조가 오며, 그 균형상실의 핵심에 비타민과 미네랄 같은 미세영양소의 결핍이 있는 것입니다. 즉, 먹는 양은 풍족해졌지만 그 속에 반드시 있어야 할 핵심 미세영양소 – 비타민, 미네랄이 없는 것입니다. 왜 이런 일이 벌어졌을까요? 위에서 우리는 세포속 에너지 대사과정에서 거대영양소 만큼 미세영양소도 필요하다는 점을 확인했는데, 현대인들의 식사 속에는 미세영양소가 절대적으로 부족하다는 사실입니다.

패스트푸드와 인스턴트 같은 정제된 식품의 범람과 과도한 동물성 지방의 섭취가 그 주요한 이유입니다. 또한 곡채식 위주로 식사를 할 경우에도 예전과 같이 충분한 비타민, 미네랄을 흡수하기는 만만찮습니다. 왜냐하면 오늘날의 생산 환경을 생각해 보시면 됩니다. 제철 채소와 과일이 쉽지 않지요. 대부분 하우스에서 재배가 되고 비료와 농약이 투여되지요.

이런 사실은 우리가 섭취하는 식물의 생명력이 과거와 같이 건강하기가 어렵다는 말입니다.

실제로 일본 농무성의 자료를 보면 각종 야채에 함유된 미세영양소가 과거에 비해 거의 4,5분의 1, 심지어는 20분의 1까지도 떨어져 있음을 보여주고 있습니다.

나이가 어느 정도 되신 분들은 어릴 적 TV에서 보신 디즈니 만화영화 '뽀빠이'를 기억하실 겁니다. 악당에게 흠씬 터지고 여자친구 '올리브'가 잡혀가면 마지막 순간에 우리의 주인공 뽀빠이는 시금치 깡통을 따먹고 힘을 내어 악당을 물리치고 올리브를 구하는데요. 만일 지금 이런 일이 벌어진다면 뽀빠이는 힘을 내기 위해 시금치 캔을 20통 정도는 따먹어야 할 겁니다. 악당을 물리치기는커녕 배가 불러서 꼼짝도 못할 겁니다.

미국 의학협회에서는 일반인들의 건강을 위해서 적절한 보조식품(Dietary Supplement)의 섭취를 권장하고 있습니다. '뽀빠이'에게는 이미 시금치 캔 대신 최적화된 건강보조식품이 필요로 합니다.

이렇듯 영양균형의 상실로 인해 현대인의 영양실조는 비만으로 나타나는 것입니다. 아이러니한 일이지요. 뚱뚱한 사람이 영양실조라니요! 과거의 영양실조는 거대영양소의 부족, 그러나 현대의 영양실조는 거대영양소의 과다한 섭취와 미세영양소의 결핍에 따른 균형의 상실, 이렇게 정리가 가능하겠습니다.

7) 중금속

참고로 중금속이라는 것이 있습니다. 원소 주기율표의 아래쪽에 주로 위치하는 비중 4 이상의 무거운 금속원소를 말하는데요. 이들 중 상당수는 우리 몸에 축적되면 치명적인 해로운 결과를 낳는데, 납(Pb), 수은(Hg), 카드뮴(Cd), 비소(As), 알루미늄(Al), 망간(Mn) 등이 대표적인 것들입니다. 중금속은 주로 우리 몸에서 비타민, 미네랄의 역할을 가로채 대사과정을 망침으로써 신체대사에 치명적인 역할을 할 뿐만 아니라, 비만의 한 가지 요인으로 작용하기도 합니다.

수은은 적혈구 헤모글로빈의 산소운반능력을 박탈하며, 납은 신경과 근육을 마비시키고, 카드뮴은 폐암을 일으킬 수 있으며 뼈를 무르게 합니다. 망간은 뇌와 간에 과도하게 축적될 경우 성장 부진과 생식능력 저하를 유발하기도 한답니다. 물론 중금속으로 분류되는 것 중에서도 망간, 크롬(Cr), 셀레늄(Se), 구리(Cu), 아연(Zn) 등은 우리 몸의 건강을 위해서는 아주 적은 양이 반드시 필요한 미량미네랄입니다. 당연히 음식물을 통해서 섭취해야지요.

중국의 진시황이 불로장생의 명약으로 오인한 수은 중독으로 고작 40여세의 나이에 사망했으며, 천하의 악성(樂聖)인 베토벤도 다뉴브 강의 공업폐수로 오염된 민물고기의 잦은 섭취로 인한 납중독으로 사망하게 되었다는 이야기를 어느 기사에서 읽은 기억이 납니다.

이러한 중금속을 몸 밖으로 배출하고 축적을 막는데도 최적화된 비타민과 미네랄이 유효하게 작용을 한다고 합니다. 마땅히 있어야 할 곳에 있어야 할 것이 없으면, 엉뚱한 녀석들이 들어와 자리를 차치하게 마련입니다. 중금속, 몰아내셔야 됩니다.

8) 식이섬유

6번째 영양소는 식이섬유입니다. 식이섬유는 인체 소화기관의

분비액에 의해 소화되지 않는 섬유성 화합물을 의미하는데요. 장
운동을 활성화하고 물을 흡수하여 변의 부피를 늘임으로써 배변
을 원활하게 하고, 음식물과 함께 섭취할 경우에는 소장으로부터
당질의 흡수를 지연시키는 동시에 위에 포만감을 주어 식욕을
억제하는 역할을 합니다.

　음식물 속의 중성지방과 장속의 독소를 끌고나가는 기능도 하
지요. 그래서 결과적으로 우리 몸의 지방수치를 낮춰주고 혈당의
수치가 골고루 유지되도록 함으로써, 음식에 대한 갈망과 지방
축적을 줄이게 됩니다. 또한 장내 유익균의 먹이가 됨으로써 세균
총을 활성화하여 역시나 장 건강에 플러스 역할을 톡톡히 합니다.
식이섬유는 들어올 때보다 나갈 때 더 부풀어서 나갑니다.

　이러한 식이섬유는 대부분 과일이나 야채 등의 식물 세포벽에
함유되어 있는 '셀룰로오스'나 해조류에 많이 들어 있는 다당류인
'알긴산', 사과나 감귤류의 껍질에 있는 '펙틴'과 같이 식물에서
유래하는 것들이 대부분입니다. 그러나 드물게는 게나 새우 등의
갑각류 껍질에 존재하는 '키틴' 성분에서 얻어지는 키토산과 같은
것을 식이섬유로 활용하기도 합니다. 특히나 키토산과 같은 동물
성 식이섬유의 경우에는 체내에 미처 흡수되지 못한 중금속과
지방의 흡착 배출에도 큰 기능을 한답니다. 식물성 식이섬유와
동물성 식이섬유를 결합해서 식품으로 활용한다면 그 효과는 배
가되겠지요.

　중국음식, 많이들 좋아하시고 자주 드시지요. 그런데 이 중국음
식이 보면 많은 경우가 기름에 튀기게 됩니다. 대부분의 중국음식
이 기름기가 많다는 말인데요. 그런데 정작 중국사람들을 보면

그렇게 뚱뚱하고 비만인 경우는 많지 않은 것 같습니다. 그 이유를 추정해 보면 우선은 중국인들이 늘상 마시는 차를 들 수 있습니다.

녹차에는 카테킨이라는 성분이 있어서 이 성분이 우리 몸에서 새로운 혈관이 형성되는 것을 차단하는 역할을 합니다. 지방세포도 자신이 살아가려면 새로운 혈관을 끌어당겨야 하는데요. 마치 무허가 건물이 인접한 전봇대에서 전기줄을 연결하는 것과 같은 이치입니다. 이 혈관을 차단하기 때문에 지방세포는 살 수 없어 할 수 없이 자신을 연소시키고 말지요. 이러한 원리는 암세포에도 똑같이 적용이 되어, 녹차 카테킨이 항암작용을 하는 것과 같습니다.

다음으로 들 수 있는 이유는 위에서 설명한 식이섬유입니다. 중국음식에 거의 항상이라고 해도 좋을 만큼 첨가되는 식재료가 있습니다. 바로 죽순입니다. 저는 예전에 이 죽순을 무슨 맛으로 먹는가 하고 의아해 했는데요. 맛보다는 바로 이 지방성분을 제거해주는 식이섬유로서의 기능을 위해 첨가하는 것으로 해석되었습니다.

생활의 지혜이지요. 거의 모든 음식에 첨가되는 바로 이 죽순 덕분에, 중국 사람들은 기름기 많은 음식을 섭취하고도 그렇게 비만인 자가 많지는 않은 것 같습니다.

9) 물

마지막으로 드는 7번째의 영양소는 바로 물입니다. 우리 몸은 엄마 몸에서 태어날 때는 거의 90%가 물이랍니다. 대략 정상 성인의 경우 60-70%가 물로 이루어져 있다고 하는데요, 늙어서 우리 영혼이 몸을 떠날 때가 되면 우리 몸속에는 60% 이하로 줄어들어 있답니다.

우리 몸은 거의 물로 이루어져 있고 또 그만큼 많은 물을 필요로 한다는 건데요. 실제로 체내 수분이 1-2%만 부족해도 심한 갈증을 느끼게 되며, 5% 이상 부족하면 혼수상태에 빠지며, 12% 이상 부족할 경우에는 사망에 이를 수 있습니다. 매일 물은 2리터 이상 마시는 것이 좋습니다.

흔히들 몸이 약알칼리성이기 때문에 알칼리수를 마시는 게 좋다고 하는데, 너무 예민하게 따지지 말고 그냥 많이만 마시면 될 것 같습니다. 그리고 한때 분자구조가 다이아몬드형을 이루고 있는 육각수 얘기가 많이 회자되었는데요. 굳이 육각수 드시려면 마시기 전에 고맙고 감사한 마음을 가지면 육각으로 됩니다.

다만 물과 관련하여 한 가지 짚어두고 싶은 점은 정수기와 관련해서입니다. 현재 우리나라에서는 많은 가정과 식당, 학교, 공공기관 등에서 정수기를 사용하는데요, 그 대부분이 역삼투압 방식의 정수기라는 점입니다.

우리가 가장 마시고 싶은 이상적인 물은 미네랄이 풍부하고 유해한 세균과 미생물이 들어 있지 않은 살아있는 물이겠지요. 그런데, 역삼투압 정수기는 유해성분도 걸러주기는 하지만, 미네랄 성분 등이 거의 제거된 실험실에서 사용하는 증류수에 가까운 산성수로서, 혈액을 탁하게 하고 각종 질병을 유발할 수 있는 위험성을 가지고 있다고 합니다. 그래서 독일 등 선진국에서는 이미 사람이 마셔서는 안 되는 물로 평가를 내렸다고도 하는데요, 어떻게 하는 것이 좋을까요. 차라리 검증된 생수를 마시거나, 아니면 수돗물을 그냥 마시기가 그렇다면 끓여서 마시면 어떨는지요. 보리차 생각이 납니다.

어릴 때 기억을 더듬어보면 떠오르는 생각이 있는데요. 어린 우리들은 '꼬들밥'을 좋아하는데, 이상하게도 어른들은 '진밥'을 좋아하시더라고요. 그리고 꼭 냉면집에 가면 어린 사람들은 비빔 냉면을 시키는데, 어른들 대다수는 물냉면을 시키시더라고요. 이게 자기 몸속의 물 비축량과 관계가 있다고 여겨집니다.

나이가 들고 어른이 되면서 몸이 자꾸 건조해지게 되는 것이지요. 그래서 몸이 알아서 필요한 물을 당기는 겁니다. 저도 밥할 때 물 많이 붓습니다. 여성분들 같은 경우에는 많은 분들이 변비로 고생하고, 또 나이가 들면서 피부에 주름이 늘어나 걱정하시는데요. 물만 많이 드셔도 상당 부분 해소가 됩니다.

소변기능이 약해지시면서 자꾸 물 드시는 것을 기피하시면 악순환의 고리가 만들어집니다. 커피나 음료수는 물 아닙니다. 이뇨작용으로 물이 더 필요하게 됩니다.

'견강자 사지도야 유약자 생지도야(堅强者死之徒也 柔弱者生之徒也)'라는 말이 있습니다. 딱딱하고 강한 것은 죽음의 무리이고, 부드럽고 약한 것이 삶의 무리라는 뜻입니다. 대체로 살아 있는 모든 것은 말랑말랑하고, 죽은 것은 딱딱합니다.

주위의 딱딱한 것을 만져 보십시오. 모두 생명이 없습니다. 생명이 있는 것은 모두 부드럽고 유연합니다. 우리는 말랑말랑하게 태어나 점차로 딱딱해져 굳은 채로 죽어갑니다. 물론 육신의 껍데

기에 한한 얘기이긴 하지만요. 겉모습뿐만 아니라 머릿속이 딱딱
해도 죽어가는, 아니 죽음에 가까운 생각입니다.

　그래서 우리는 생각이나 사고가 틀에 박히거나 편견에 사로잡
혀 굳어버리면, 거기에서는 새로운 생명의 아이디어가 나오지 못
합니다. 물 많이 마시고 유연한 사고로 우리 몸과 마음을 살아있
게 만듭시다.

6. 일반 다이어트의 문제점

1) 황제 다이어트

시중에서 한때 유행했던 다이어트의 문제점에 대해서 알아보겠습니다. 먼저 단백질만 주로 섭취하는 고기 다이어트, 일명 '황제 다이어트'인데요. 우리가 헬스장 같은데 가면 육체미 선수들이 근육을 가꾸기 위해서 단백질 위주의 식사를 하는 것을 흔히 볼 수 있습니다. 이는 우리가 영양소를 다루면서, 거대영양소 단백질이 주로 몸의 구성성분, 즉 근육과 호르몬 등의 원료로 쓰인다는 점을 알았습니다. 충분히 납득이 가는 대목이지요.

그런데 단백질이 우리 몸의 활동 에너지원으로 사용될 때는 질소화합물의 부산물인 암모니아가 발생하여 문제를 일으킨다는 내용도 이미 살펴보았습니다. 유독한 암모니아를 그냥 내보낼 수 없어 간에서 덜 유해한 요소로 변화시켜 내보내게 되는데요.

다이어트를 목적으로 '단백질만을' 섭취하게 되면 일단은 요소로 전환시키는 대사과정에서 체내의 수분을 엄청나게 소모하게 됩니다. 체내 수분의 엄청난 고갈로 급격하게 체중은 줄게 되지요. 그래서 소기의 다이어트 효과는 거두는 듯이 싶지만, 문제는 그때부터 발생합니다.

우선 단백질의 에너지 대사과정에서 발생하는 엄청난 암모니아를 요소로 변화시키면서 간에 무리가 가게 되고, 또한 변화된 요소와 미처 내보내지 못해 요소가 변형된 요산을 걸러내면서 신장도 엄청난 무리를 받게 됩니다. 그리고 우리 몸 중에서 가장 중요한 기관인 뇌와 신경계, 혈관의 적혈구 등은 탄수화물의 가장 작은 단위인 포도당만을 유일한 에너지원으로 사용합니다.

그래서 탄수화물의 공급이 없으면 지방을 태워서 연료로 쓸 것 같지만, 아쉽게도 우선순위가 우리 몸의 근육을 쪼개서 탄수화물 대신으로 사용한답니다. 그러면 결과적으로 다이어트 종료시점의 몸은 이전보다 근육량이 줄고, 체지방이 훨씬 늘어나면서 기초대사량이 줄어 요요에 가장 적합한 몸으로 바뀌게 되는 것이지요. 또 체내 수분의 급격한 고갈로 체중이 줄었기 때문에 이는 물만 마시면 곧바로 이전으로 후퇴하기가 쉽습니다.

결론적으로 황제다이어트는 일시적으로 체중만 줄여줄 뿐, 우리 몸을 훨씬 건강하지 못한 상태로 만들고 요요에 의해 이전보다 체중은 더욱 불어나기 쉬울 뿐 아니라, 무리하게 장기간 반복적으로 다이어트를 행할 경우 간이나, 특히 신장에 문제가 발생하게 됩니다. 황제다이어트로는 절대 황제 못됩니다.

참고로 바람만 불어도 아픈 병이라는 '통풍'이라는 질환이 있습니다. 주로 지나친 육식과 음주를 즐기시는 분들 가운데 많이 볼 수 있는데요. 이 경우가 바로 단백질 대사과정에서 엄청나게 많이 발생된 요산이 체외로 배출되지 못하고 혈관 내에 머무르다가, 어느 순간 관절을 침범하게 되어 염증을 일으키는 것입니다. 엄청난 통증이 발생한답니다. 또, 우리가 중국식당에서 자장면을 먹으면 어떤 사람은 그릇에 검은 국물이 흥건해지는 사람이 있지요. 이런 분들은 몸이 산화되어서 그런 건데요, 통풍인 분들의 대부분이 그렇게 먹고 남은 자장면 그릇에 국물을 흥건하게 만듭니다.

2) 원푸드 다이어트

흔히 다이어트의 방법으로 채택되고 있는 것 중의 하나가 바로 '원푸드 다이어트'입니다. 바나나, 토마토, 고구마, 양배추, 포도, 두부 등등이 있는데요, 위에서 공부한 황제다이어트도 일종의 원푸드 다이어트입니다. 원푸드 다이어트의 가장 기초적인 문제점은 우리 몸이 필요한 영양소를 골고루 섭취할 수 없다는 점입니다. 우리 몸이 건강하기 위해서는 비타민, 미네랄 등 40여 가지의 영양소를 고루 섭취해야 한다고 하는데요, 아무래도 한 가지 음식만으로 식사를 대신할 경우에는 이러한 점에서 문제가 발생하기가 쉽지요. 필요한 영양소의 결핍입니다.

두 번째 문제점은 황제 다이어트의 문제점에서 살펴본 것과 같은 맥락인데요, 한 가지 음식만 섭취를 하다 보니 기본적으로 우리 몸이 에너지를 내기 위한 탄수화물, 지방, 단백질의 거대영양소 자체가 부족해지기 쉽고, 이러다 보면 필요한 에너지를 위해서 몸에 축적된 지방을 태우면 좋으련만 오히려 우리 몸의 근육을 쪼개서 사용함으로써, 부실한 몸으로 이어진다는 점입니다.

이는 다시 말하면, 우리 몸의 기초대사량을 다이어트 이전보다 줄이게 됨으로써 요요가 훨씬 쉽게 일어나는 몸으로 만들어, 다이어트가 종료된 시점부터는 다이어트 이전보다 더욱 건강하지 못한 비만으로 가기가 십상이라는 말이지요. 그 외에도 영양소의 결핍으로 인한 부종이나 탈모, 탈수 등의 부작용을 일으키기가 쉽습니다.

최근 사회생활에 바쁜 직장인들 가운데는 다이어트를 위해서 하루 한 끼, 내지는 두 끼만을 섭취하면서 살을 빼려는 사람들도 많다고 합니다. 그런데 아침을 거르고, 또 점심까지도 거르고 나서 마지막 남은 한 끼를 즐기기 위해 약간의 반주와 더불어 '푸짐한' 곳으로 간다고 하니 글쎄요입니다.

우리가 비만과 관련한 호르몬 '그렐린'을 얘기하면서, 우리 몸 속의 유전자는 이전의 원시상태와 별반 다르지 않을 수도 있다는 말을 했는데요, 이를 뒷받침하는 것이 '기아유전자'입니다. 우리 몸속에는 원시시대의 못 먹고 어렵게 살던 기억이 있어서, 12시간 이상 칼로리의 공급이 중단되면 즉시 기아유전자가 작동하여 칼로리의 소모를 절반 이하로 줄이는 '기아모드'로 돌입한다는 주장이지요. 충분히 일리가 있다고 여겨집니다.

그래서 끼니를 거르는 다이어트는 바람직하지 않습니다. 칼로리의 장시간 공급중단으로 내 몸은 칼로리를 붙잡고 내놓지 않고, 게다가 오랜만에 식사기회가 오면 이전의 것까지 보충하려는 보상작용으로 자칫 무너지면 그냥 과식과 폭식으로 내달리기가 쉽다는 것이지요. 이는 굳이 다이어트가 아니라도 현대인들에게 만연한 좋지 못한 섭생의 대표적인 행태입니다.

굶으면서 하는 다이어트는 결코 성공하기 어려우며, 설사 일시적으로 성공해서 원하는 몸을 만드는데 성공했다 하더라도 유지는 어떻게 합니까. 나머지 시간도 계속 굶으면서 살 수는 없는 것 아닙니까. 최적화된 다이어트 보조식품에는 다이어트로 인해 결핍되기 쉬운 단백질과 비타민, 미네랄 그리고 섬유질까지 충분히 보충해주며, 또한 심한 배고픔에까지 이르지 않도록 혈당의 조절까지 도와주는 유효한 성분들을 골고루 포함할 수 있습니다. 절대 굶지는 맙시다.

3) 식욕억제제

다음은 흔히 처방에 의해 채택되는 식욕억제제와 관련해서입니다. 대부분의 병의원 등 전문클리닉에서는 환자의 상태에 맞게 좋은 처방을 내려주시지만, 아직도 일부에서 보이는 교감신경 자극의 성분과 관련해서 문제를 볼 수 있습니다. 주로 가래 제거와 천식억제의 약재로 쓰이는 마황이 그러한데요, 이것의 주성분은 에페드린이라고 합니다.

이 성분이 주로 들어간 식욕억제제는 우리 몸의 교감신경을 자극하게 됩니다. 즉 아드레날린을 분비하게 하는 흥분제라는 말인데요, 우리 몸의 신진대사를 억지로 활성화시킵니다.

비만과 관련한 호르몬을 살펴볼 때 스트레스 호르몬인 코티졸을 알아보았는데요. 이때와 거의 흡사하게 경보반응이 울리고 투

쟁과 도주의 기로에 설 때, 우리 몸은 아드레날린을 쏟아내게 됩니다. 왜 우리가 흥분되고 긴장되면 입이 마르고 열이 나며, 소변이 마렵거나 설사가 날 듯 한 상태가 있지요. 저는 예전에 골프 처음 배울 때 항상 첫 티박스에 오르기 전에 배가 살살 아파왔던 기억이 납니다. 이게 다 아드레날린 호르몬의 기능 때문입니다.

에페드린의 억지 신진대사 활성화로 아드레날린이 방출되면서 몸에 열이 오르고 목이 건조해집니다. 우리 몸은 비상전투태세와 같은 상태로 들어가는 것입니다.

그러면 심장은 평상시보다 더 심하게 박동을 치면서 각 근육에 피를 흘려보냅니다. 근육도 잔뜩 긴장하면서 떨리지요. 그러니 가만히 있어도, 아니 아무런 신체활동을 하지 않아도 신진대사가 마구마구 일어나 에너지가 소모되게 됩니다. 다이어트 현상이 전개되는 것이지요. 밥맛도 나지 않고, 안 먹어도 별반 배고픔을 느끼지 못하게 됩니다. 우선은 살이 빠진다는 생각에 기분이 좋아질지 몰라도, 우리 몸은 고통을 예감하고 요동치기 시작합니다.

일단은 왕성한 신진대사로 인해서 칼로리가 소모되고 살이 빠지는 것 같지만, 이런 상황이 장기간 지속되게 되면 심각한 문제들이 곧장 드러납니다.

식욕억제제 복용이 끝나면 인위적인 교감신경계의 활성화에 의해 억눌려졌던 식욕이 더욱 왕성해집니다. 마치 이전에 못먹었던 것을 만회하고 보상이라도 하려는 듯이 말이지요. 그래서 대개 많은 경우는 즉시 다이어트 이전의 상태, 내지는 그 이상으로 체중이 돌아가기가 십상입니다. 그러면 또 병원으로 달려가게 됩니다.

식욕억제제로 인한 부작용은 평상시라면 자연스럽게 순환될 신체말단부에 혈류의 공급이 부족해지게 되어 탈모 등의 증상이 나오게 되며, 장기간 심장이 전투모드로 작동을 함으로써 무리가 가게 됩니다. 또한 에페드린은 중추신경계에 영향을 미치는 향정신성 약물로서 사용자의 의지를 약화시켜, 다이어트를 위한 본인의 의지와 노력보다는 자꾸만 약물에 의존하게끔 만듭니다.

그에 따라서 약효는 더욱 떨어지게 되고, 복용량은 늘어나게 되고요. 실제로 에페드린은 한 번 더 가공하면 강력한 마약의 일종인 필로폰의 원료인 메스암페타민으로 전환된답니다.

식욕억제제와 관련해서는 에페드린 성분 말고도 이전에 '시부트라민'이라는 성분이 있었습니다. 교감신경 자극에 의한 발열작용을 유도하는 에페드린과는 다르게, 시부트라민은 식욕을 조절하는 세로토닌과 지방에서 에너지를 방출토록 하는 '노르아드레날린' 호르몬의 재흡수를 억제시켜 식욕을 떨어뜨리게 하는 약물이었습니다.

본래는 우울증 치료제로 개발하던 중 이 약을 복용한 환자의 체중이 준다는 사실이 발견되어 비만치료제로 개발되었다고 하는데요. '크놀'이라는 독일계 제약회사가 개발한 성분으로, '리덕틸'이라는 제품명으로 시판되었습니다.

그런데, 두통, 어지럼증, 구역질, 졸림, 복통, 관절, 근육통, 목마름, 불면증, 변비, 혈압과 맥박수 증가 등의 다양한 부작용을 야기하다가 결국은 뇌졸중과 심근경색 등 심혈관계 질환의 부작용 우려가 높아지면서 2010년 미국, 유럽은 물론 국내에서도 퇴출이 되었습니다.

일전에 지방의 어느 약사님이 이러한 사실을 모르고 시부트라민 성분의 다이어트약을 제조해 판매하다가 의법 조치된 일이 있었다고 합니다. 에페드린이나 지금은 금지된 시부트라민 같은 성분은 향정신성 약물로서 그 사용기간이 국내에서도 최장 4주간으로 엄격히 규정되어 있습니다.

식욕감소의 부작용(Side effect)을 이용해서 여전히 다이어트를 위한 식욕억제제로 처방되고 있는 대표적인 항우울제는 1970년대 미국 제약회사 '엘리릴리'사가 개발한 '프로작(Prozac)'입니다. 프로작 역시 '선택적 세로토닌 재흡수 억제제(SSRI)'로 사용 후 세로토닌의 흡수를 억제해 뇌 속의 세로토닌 농도를 높여 우울증의 증상을 개선하는 약입니다.

프로작의 성분은 이미 특허기간이 만료되어, 국내의 여러 제약회사에서도 복제약이 생산되고 있습니다. 이 프로작 계열의 제품을 복용할 때도 역시 두통이나 구역질, 소화 장애, 설사, 불면증, 피로, 피부발진 등의 현상이 나타날 수 있다고 하는군요. 역시 사용기한은 4주입니다.

앞의 제1장에서 비만에 대한 얘기를 하면서 비만은 사랑의 결핍이라고 했습니다. 또 세상에 없는 것 세 가지와 또 절대 변하지 않는 불변의 법칙에 대해서도 말했습니다. 누구라도 우연히 비만이 되지는 않습니다. 원래 우리 속에 가득 충만한 사랑을 잊고 살아서, 그래서 내 안에 없다고 느껴지는 사랑을 채우기 위해 먹는 것으로 대신한다고 했습니다.

지금의 내 결과는 절대로 우연한 것이 아니며 이 과정을 통해 무언가 경험하고 배우고 성장하기 위한 것입니다. 그리고 내가 뿌리지 않은 것은 거두지 않으므로, 모든 것은 내 책임입니다.
현재의 모습이 내가 만든 결과이고 또한 내가 원하는 모습이 절대로 거저 될 수는 없음을 인정하고, 의지를 발휘해서 올바른 대가를 지불하면 세상에 안 되는 일 역시 없습니다. 반드시 사랑도 회복하고, 건강도 되찾고, 아름다움도 얻을 수 있습니다.

7. 올바른 다이어트 시스템

1) 비워라

올바른 다이어트 시스템에 대해서 알아보겠습니다. 크게 3단계로 나누어서 '비워라, 태워라, 채워라'로 정리합니다. 우선 비우는 것부터 시작입니다.

우리가 무엇이든지 구하고 얻고 채우려고 하면은 비우는 작업부터 해야 합니다. 집안에 손님을 맞아들일 때도 깨끗하게 집안을 정리하고, 새로운 가구를 들일 때도 헌 가구를 내보내고 청소부터 하지 않습니까.

(1) 간 해독 : 커피관장

비운다는 것은 한 마디로 우리 몸의 독소를 내보내고 정화하는 '디톡스'의 개념입니다. 우리 몸에서 최고의 해독기관은 간입니다. 이 간을 해독하는 것이 굉장히 중요한데요, 바로 지방의 소화를 위해 쓸개를 통해 십이지장으로 배출하여, 소장에서 활동하다 재흡수하게 되는 담즙의 배설과 관련해서입니다.

담즙은 소장에서 지방의 소화를 돕다가 간으로 95% 가량이 재흡수되며, 식이섬유 식사의 부족으로 계속 재활용되는 것이 마치 튀김집의 식용유를 몇 날 며칠이고 갈지 않는 것과 같다고 말씀드렸는데요. 이 사용 후 담즙을 원활하게 배출해주게 되면 간에 부담이 확 줄어들어 해독에 크게 기여를 하게 됩니다.

일반적으로 레몬 디톡스 요법을 통해 우리 몸의 해독을 많이 하지만, 레몬 디톡스에 대해서는 주요 다이어트 성분에서 말씀드리기로 하고, 여기에서는 간 해독을 위한 커피관장에 대해서 말씀을 드리겠습니다.

커피관장법은 일반적으로 '막스거슨 요법'이라고도 하는데요, 막스 거슨(1881-1959) 박사님은 독일계 미국의사입니다. 의과대학 시절 심한 편두통을 앓았던 거슨 박사는 무염식 중심의 식단을 통해 자신의 편두통을 치료하였으며, 나중에 같은 식이요법으로 많은 결핵 환자들을 성공적으로 치료하였습니다.

나치의 박해를 피해 1938년 미국 뉴욕으로 이주한 거슨 박사는, 그 후 20년 동안 전통적인 치료법으로 실패한 수백 명의 암환자들을 식이요법과 커피관장으로 이루어진 거슨요법으로 치료하였으며 완치에까지 이르게 하였습니다.

커피관장의 주요 논리는 커피 속의 카페인과 팔미트산 성분이 대장의 간문맥을 통해 간에 직접 흡수되어 담관을 자극해 담즙의 분비가 촉진되어, 담즙을 생성하기 위한 간 기능이 활성화되면서 간에서 독소를 배출하는 데도 도움을 주게 된다는 것입니다.

커피관장은 주로 간의 해독에 초점이 맞춰져 있지만, 부가적으로 장의 무력증을 해소하여 배변장애를 개선하는 데도 도움이 됨은 물론입니다. 그런데, 커피관장에 쓰이는 커피는 아메리카노 아닙니다. 카푸치노나 라떼도 아닙니다. 볶지 않은 생두를 사용해야 합니다.

(2) 장 청소 : 식이섬유, 유산균

비워라의 두 번째는 영양분을 섭취하는 장에 관련된 내용입니다. 다이어트를 위해서는 당연히 섭취하는 칼로리의 양을 줄이셔야 합니다.

식사량을 어느 정도 조절하는 것은 너무나도 당연하며, GI 수치가 낮은 곡채식 위주로 바꾸셔야 합니다. 쉽게 말해서 현미잡곡밥에 나물반찬을 주식으로 하시면 다이어트, 절반은 먹고 들어갑니다. 이것과 별도로 여기서 말하는 두 번째 '비워라'의 내용은 장의 청소와 관련해서입니다. 장 청소는 영양분을 흡수하는 소장도 소장이지만, 보다 직접적으로는 대장의 청소를 말합니다.

대장에서는 영양분이 거의 흡수된 나머지 찌꺼기에서 수분과 소량의 미네랄을 흡수한다고 말했습니다. 그리고 소화대사의 제일 마지막 부분을 담당하고 있기 때문에 많은 유독가스와 유해성분이 발생한다고 했습니다. 그래서 대장의 건강이 간의 건강과도 직결되고 우리 몸의 면역기능에 크게 영향을 미치게 되는데요. 이러한 대장을 깨끗하게 청소하고 건강하게 만들기 위해서는 영양소에서 말씀드린 제6의 영양소 식이섬유를 충분히 섭취하셔야 합니다.

장을 비우고 건강하게 만드는 것과 관련해서 또 한 가지 중요한 것은 장내 유익균을 활성화시켜야 하는 것입니다.

우리 몸속에는 다양한 균들이 있는데요, 마찬가지로 장 속에도 각종 유해균과 유익균이 많이 서식하고 있습니다. 유해균들이 지방을 주요 서식지로 하면서 우리 몸을 힘들게 하는 반면, 유익균은 장 건강을 위하여 나쁜 균들과 활발하게 싸우면서 우리 몸 면역체계의 일익을 담당하고 있습니다.

유익균이라 하면 흔히 아시는 '락토바실러스'나 '비피더스'같은 유산균 종류를 들 수 있으며, 이러한 유익균을 활성화시키는 방법은 두 가지입니다.

첫 번째는 직접적으로 식품을 통해 섭취하는 것입니다. 식품으로 섭취할 경우에는 하루 최소한 10억균 이상을 섭취해야만 한답니다. 혹시 '따다다단따~ 따다다다다~' 기억나시죠. 유명한 국내의 유산균 음료 광고 음악인데요. 유산균들이 강산성의 위를 지나서 무사히 장까지 도착하려면, 마치 전우의 시체를 '넘고 넘어'와 같은 형국이기 때문입니다.

두 번째는 역시 식이섬유를 많이 드시는 겁니다. 식이섬유는 장내 독소를 제거하고 유익균들의 먹이가 됨으로써, 건강한 세균총을 활성화시키는데 직접적인 기여를 합니다.

(3) 혈관 청소 : 오메가3 지방산

비우고 청소하는 개념의 세 번째는 혈관입니다. 혈관 속에 콜레스테롤이나 중성지방이 쌓이게 되면 혈관이 좁아져 혈액의 흐름이 답답하게 됩니다. 이를 방지하고 혈액의 흐름을 원활하게 하려면 오메가3 지방산을 드셔야 합니다. 왜 기름은 기름으로 닦는다는 말 아시지요, 바로 그렇습니다.

사실 우리나라 40대 이후 사망의 최대 원인 3대 질환은 암, 뇌혈관, 심장질환으로 혈관질환이 절반 가까이 됩니다. 따라서 중년 이후의 건강관리는 특히 혈관건강에 신경을 쓰셔야 합니다.

우리가 흔히 체내에서 생성이 되지 않으므로 반드시 섭취해야 하는 지방을 필수지방산이라고 하는데요, 오메가3, 6, 9를 들 수 있습니다.

이들 지방산은 분자구조가 포화지방인 중성지방과 달리 불완전한 상태로 있어서 불포화지방산이라고 합니다. 이 말은 분자의 구조가 불안정하고 덩치가 크다는 뜻도 되는데요, 대개 녹는점이 낮아서 상온에서는 액체의 형태로 존재하며 산화되기도 쉽습니다. 이들 불포화지방산은 분자구조상 메틸기 말단에서부터 3번째 탄소가 이중결합으로 되어 있는 것이 오메가3 지방산이고, 6번째 탄소가 이중결합인 것이 오메가6, 9번째가 오메가9 지방산입니다.

오메가3 지방산은 주로 녹색채소와 들깨, 아마인, 그리고 견과류 중에서도 잣, 호두 등의 식물과 고등어와 정어리, 청어, 꽁치 같은 등 푸른 생선과 참치에서 많이 얻을 수 있으며, 특히 남극 심해에 사는 크릴새우에서도 순도 높은 오메가3 지방산을 얻을 수 있습니다. 오메가6 지방산은 옥수수, 밀, 참깨, 해바라기, 땅콩, 현미, 목화씨 등 대부분 식물의 씨앗에서 짜낸 기름을 통해 섭취할 수 있습니다. 오메가9 지방산은 올리브유가 대표적이고요.

필수지방산인 오메가 지방산은 건강을 위해 매우 중요하기는
하지만, 문제가 있습니다. 바로 오메가6 지방산의 과도한 섭취입
니다.

원래 우리 사람들은 오메가3와 오메가6 지방산을 거의 비슷하
게 섭취하였지만, 현대에 들면서 작물재배 환경과 식습관의 변화
등으로 그 섭취비율이 엄청나게 변하여 오메가6 지방산을 20배
나 더 많이 섭취하고 있다고 합니다. 푸른 잎채소의 섭취가 줄어
든 게 주요인이기는 합니다.

그런데 우리가 닭이나 소, 돼지고기 등의 동물성 음식물을 섭취
할 때에도 일부 불포화 지방산의 섭취가 가능한데, 과거 산과 들
에서 풀을 뜯어먹고 자란 짐승들의 지방 속에는 오메가3와 오메
가6 지방산의 비율이 1:1 내지 1:3 정도였으나, 현재 사료만을
먹고 자란 동물성 지방 속에는 그 비율이 1:20 이상으로 편중되
어 있다고 합니다. 그래서 육식도 오메가3와 6의 비율을 더욱
왜곡시킵니다.

우리 몸속에서 활동성인 오메가3 지방산에 비해 비활동성인
오메가6 지방산을 과도하게 섭취하게 되면, 우리 몸의 생리활성
물질인 '프로스타그란딘'의 균형에 영향을 미쳐서, 염증과 혈전을
촉진하게 됩니다. 그래서 오메가3와 오메가6 지방산은 1:1 내지
는 최소한 1:4의 범위 내에서 섭취하는 것이 좋다고 합니다.

그런데, 오메가6 지방산 중에서 '감마리놀렌산(GLA)'은 오메
가3 지방산과 비슷한 기능을 하며, 특히나 여성들의 생리건강에
아주 유익한 작용을 합니다. 오히려 불균형을 해소하는 역할을

하는 것이지요. 대표적으로 '달맞이꽃종자유'와 '보라지유' 등이 그러합니다.

그리고 별도로 오메가6 계열의 홍화씨유에서 추출되는 '공액리놀렌산(CLA)'은 일반 오메가6 지방산과는 달리 비만과 관련해서, 지방의 축적에 관여하는 LPL효소를 억제하는 아주 유익한 작용을 한다고 위에서 말씀드린 적이 있습니다. CLA의 더욱 자세한 내용에 대해서는 나중에 나올 주요 다이어트 성분에서 말씀드리겠습니다.

그럼 대충 결론은 오메가3 지방산을 많이 드셔야 한다는 것인데요. 특히 혈관청소와 관련해서는 '천연의 혈관 부동액'이라고 불릴만한 EPA(에이코사펜타에노산 Eicosapentaenoic acid) 성분이 직접 많이 함유된 생선유를 섭취하시는 것이 바람직한데요, 이는 섭취된 오메가3 지방산을 EPA와 뇌세포의 원료가 되는 DHA로 전환시켜주는 효소의 활성도가 떨어지는 나이 드신 분들에게는 더욱 그렇습니다.

(4) 오메가3 지방산 섭취시 유의점

그런데 오메가3 지방산을 생선유로 섭취하실 경우에도 유의하실 점이 있습니다. 첫째는 위에서 말씀드린 불포화지방산의 특성상 산패되기가 쉽다는 점입니다. 즉 산소와 결합이 쉬워서 잘 상한다는 말인데요, 기름이 산화되면 바로 독이 됩니다. 오메가3 지방산을 캡슐 형태의 건강기능식품으로 드실 때 그 구조상 뚜껑을 매일 1-2회씩 열었다 닫았다 하게 되는데, 이때 공기 중에 노출되지요. 그래서 캡슐 형태의 오메가3 지방산은 대용량 포장은 조금 곤란합니다. 가능한 한 달 치 분량으로 포장된 형태가 좋고요, 직사광선이 비치지 않는 서늘한 곳에 보관하셔야 합니다. 제대로 된 제품은 오메가3 지방산의 산패를 저지하기 위해 반드시라고 해도 좋을 만큼 항산화제인 비타민E를 첨가해 둡니다.

둘째는 중금속 오염 문제입니다. 우리가 영양소 중에서 비타민과 미네랄을 공부하면서, 중금속에 대해서도 알아본 적이 있는데요. 해양생물계의 특성상 오메가3 지방산을 많이 함유한 생선들은 바다 생태계 내에서의 먹이사슬에서 주로 끝부분에 위치하고 있어 중금속의 오염이 심합니다. 이게 문제지요. 역학조사에 의하면 8차선 대로 일정거리(100m) 이내에 거주하는 사람과, 일주일에 2-3번 이상 생선을 먹는 사람들이 중금속의 체내축적도가 매우 높답니다.

참치 좋아하시는 분들 많으시죠, 저도 그렇습니다. 참치가 맛있고 몸에도 좋은 줄은 알고 있지만, 특히나 술안주로는 더욱 그러하지만, 참치 고기에 중금속이 많이 함유되어 있다는 사실을 알고 나서는 '매우 죄송하지만' 좀 꺼려집니다. 그래서 선진국 어느 나라에서는 일정 연령 이하의 어린이들에게는 참치 섭취를 제한하거나 금하기도 한답니다. 물론, 여타 생선에 대해서도 마찬가지긴 합니다.

그럼 이런 생선에서 추출한 오메가3 지방산을 반드시 먹기는 먹어야 하는데 어떻게 할까요. 먹자니 중금속이 겁나고, 안 먹자니 혈관이 막힐까 겁나고. 오메가3 지방산 제품의 안전성을 확인하셔야 합니다. 보통의 우리들이 이런 안전성 문제까지 검토하기는 참으로 그 어려움이 지대하기는 하지만 말입니다. 참고로, 미국 환경보호협회 등에서는 어유를 함유한 제품들을 엄격한 기준으로 조사하여 추천등급을 매겨서 공개하기도 합니다.

셋째로 참고하실 점은 오메가3 지방산 중에서도 위에서 말씀드린 혈관청소의 직접적인 역할을 하는 EPA의 함량을 확인하셔야 한다는 점입니다. 오메가3 지방산은 알파리놀렌산, EPA, DHA 등으로 이루어지는데요, 대개는 알파리놀렌산이 우리 몸속에서 EPA와 DHA로 전환되게 됩니다. 그러나 나이가 드시면서 이러한 전환에 필요한 효소가 부족하고 활성도가 떨어지게 되면, 설사 오메가3 지방산을 드셔도 정작 필요한 EPA로의 전환이 제대로 일어나기 어렵습니다. 혈관청소, 즉 혈관건강은 나이가 드실수록 더욱 중요한 문제고, 나이가 드실수록 EPA로의 전환에 필요한 효소는 부족해지고, 그러면 결론은 다량의 EPA가 직접 함유된 오메가3 지방산을 드셔야 한다는 겁니다. 오메가3 지방산이라고 다 같은 오메가3 지방산이 아니군요.

(5) 림프 청소 : 운동, 마사지

'비워라'의 마지막은 림프관입니다. 림프계는 혈관계와 더불어서 우리 몸의 양대 순환계를 이루고 있으며, 면역체계인 림프구와 지방의 이동통로라고 위에서 말씀드렸습니다. 혈관청소와 더불어서 림프관을 비워야 하는 이유를 말씀드리기 위해서 우선 앞에서 미루었던 우리 몸의 면역체계에 대해서 간략하게 설명을 드리겠습니다.

우리 몸의 면역체계는 세균을 포함한 외부 위험물질의 침입을 방어하는 피부와 점액조직, 강산성의 위산이 있으며, 일단 우리 몸 안으로 들어온 경우에는 혈관에서 활동하는 백혈구와, 주로 림프계에서 활동하는 백혈구의 일종인 림프구가 그 역할을 맡고 있습니다.

백혈구는 전체 면역계의 70% 정도를 담당하며 지휘관 역할을 하는 세포를 '대식세포(Macrophage)'라고 합니다. 림프구는 나머지 30% 정도의 체내 면역활동을 맡아서 하는데, 림프구의 종류에는 T-세포, B-세포, NK세포가 있습니다.

덩치가 큰 균이나 위험물질은 백혈구가 처리하며, 보다 덩치가 작은 경우에는 림프구가 처리한다고 보면 되겠지요. T-세포는 전투부대, NK(Natural killer)세포는 탱크부대, B-세포는 지뢰매설부대라고 생각하면 쉬울 듯 합니다. T-세포가 직접 균을 공격하는 세포성면역인데 반해, B-세포는 항체를 만들어내는 체액성면역이라고 합니다.

일반 백혈구가 혈관계를 순환하면서 몸을 보호하는 한편, 림프구는 림프관을 따라 돌면서 방어활동을 하는데요. 그 주요 집결지인 림프절이 많이 모여 있는 곳이 가슴과 복부를 포함하여 목주위, 겨드랑이(액와), 사타구니(서혜) 부분입니다. 팔이나 다리가 병균에 침범당해도 일부를 절단하면 우리 생명에는 지장이 없지만 몸통까지 침범해 들어오면 목숨이 위험하기 때문이지요.

마찬가지로 목을 통해서 머리 쪽으로 병균이 침입해도 우리 생명이 크게 위협을 받기 때문에 그 부분들을 주로 지키고 있는 것입니다. 그리고 체포한 유해균과 전투에서 사망한 림프구의 잔해들이 이 집결지에 모이게 됩니다. 그래서 간혹 보시면, 귀 뒤쪽부터 턱 아래나 겨드랑이, 사타구니가 불룩하게 뭉치신 분들이 있는데, 이는 몸이 과로하거나 하여 림프구의 사체들이 많이 발생하여 미처 처리가 되지 못한 현상입니다.

림프관에 림프구뿐만 아니라 지방의 주요 이동통로라고도 말씀 드렸는데요, 이렇게 주요 림프절이 사망한 림프구로 인해 막히게 되면 림프관에 병목현상이 생겨서 지방의 이동이 원활하지 못하게 됩니다. 그래서 막힌 주요 림프절 전후로 지방이 축적되게 됩니다.

우리가 지금 올바른 다이어트 시스템을 주제로 말하고 있는데요. 그래서 막힌 림프절을 풀어서 비워주는 것이 체지방을 줄이기 위한 다이어트에 왜 중요한가를 이해하시게 되었을 겁니다. 림프관이 막히게 되면 지방이 제대로 흐르지 못하고 쌓이게 된다는 말이지요.

또한 림프관은 혈관계와 달라서 끝이 막혀있는 맹관입니다. 즉, 끝이 동맥에서 정맥으로 이어져 순환되는 혈관과 달리, 림프는 막다른 골목이라는 뜻이지요. 이는 상대적으로 순환에 좀 더 장애 요소가 되며, 림프계를 원활하게 흐르게 하려면 운동이 필수적입니다.

운동을 하거나 주요 림프절을 마사지함으로써 순환을 원활하게 할 수 있으며, 우리 몸을 통하는 갈바닉 이온전류를 이용한 자극으로써도 큰 효과를 볼 수가 있습니다. 물론 식물영양소와 비타민, 미네랄로 최적화된 영양제나 건강기능식품도 도움을 줍니다.

2) 태워라

‘비워라’에 이어서, 올바른 다이어트 시스템의 두 번째는 ‘태워라’입니다. 물론 여기에서 말하는 태워야 할 대상은 체지방입니다. 우리가 영양소를 공부할 때 알아보았듯이 간에서 각 기관, 세포로 보내고 또 글리코겐으로 저장하고도 남는 영양분을 지방의 형태로 변환시켜서 저장을 합니다. 또 남는 칼로리를 간에만 계속 저장해 둘 수는 없으니, 이 칼로리를 우리 몸의 지방세포에 옮겨다 두게 되는데, 여성들은 주로 피하지방에 남성들은 내장(복부)지방에 축적을 합니다. 그런데 여성이라도 갱년기를 거쳐 폐경기가 되면 줄어든 에스트로겐의 영향으로 남자와 마찬가지로 복부 쪽으로 지방이 몰리게 됩니다. 여기서 지방을 지방세포에 축적할 때 작용하는 효소가 LPL(Lipoprotein lipase)이며, 반대로 축적된 체지방에서 지방을 분해하여 태울 때 작용하는 효소가 HSL(Hormone sensitive lipase)입니다.

물론 우리가 지방을 태우기 위해서는 섭취하는 칼로리의 양을 줄이고, 운동을 통해서 칼로리 소모를 늘이는 동시에 근육을 키워 기초대사량을 늘리는 게 중요합니다. 그러나 우리가 일상생활에서 갑자기 식사량을 줄이고 운동만으로 원하는 만큼의 지방을 태운다는 것은 생각만큼 쉽지가 않습니다. 또한 어느 정도 성과는 거둔다고 하더라도 균형이 무너지기가 쉽습니다. 그래서 가능하면 다이어트를 도와주는 유효 성분으로 최적화된 기능성 제품의 도움을 받는 것이 중요합니다.

위에서 LPL과 HSL을 말했는데요, 제대로 된 다이어트 제품에는 지방을 축적하는 LPL을 억제하고, 지방을 분해하는 HSL을 활성화시킬 수 있도록 포커스가 맞춰져 있겠지요. LPL을 억제하는 대표성분은 홍화씨에서 추출한 공액리놀렌산(CLA)을 들 수 있으며, HSL을 활성화시키는 대표적인 성분은 '콜레우스 포스콜리'라는 식물에서 추출한 '포스린(Forslean)'을 들 수가 있습니다.

지방을 태우기 위해서는 지방축적을 막고 지방분해를 촉진하는 외에도, 급격한 혈당의 증가를 막기 위해 칼로리의 흡수를 더디게 할 필요 등도 있습니다. 이러한 여러 가지 측면에서 유효한 작용을 하는 성분으로는 위에 든 CLA, 포스린 외에도 바나바잎 추출물, 커피빈, 고추유, 가르시니아 캄보지아, 녹차 카테킨 등 여러 가지를 들 수 있으며, 자세한 내용은 주요 다이어트 성분에서 다룹니다.

3) 채워라

올바른 다이어트 시스템의 마지막 단계는 '채우기'입니다. 우리가 몸에서 넘치는 체지방을 줄이기 위한 준비작업으로 간, 장, 혈관, 림프 등을 '비우고', 본격적으로 체지방을 '태운데' 이어서, 향후에 체지방이 축적되지 않도록 '채우는' 작업이 필요합니다. 물론 여기서 구분하는 것처럼 비우고 태우고 채우는 단계가 명확하게 구분되지는 않습니다. 비우면서 태우고, 태우면서 채우고, 채우면서 비울 수도 있습니다. 혹은 이 세 가지 작업이 동시에 일어날 수도 있지요. 다만, 우리가 개념적으로 알기 쉽게 정리하기 위해서 구분을 시도하는 것입니다.

(1) 여성호르몬 : 식물성 에스트로겐

채우기의 첫 번째는 '여성호르몬'으로 하겠습니다. 물론 남자들에게는 해당사항 없습니다. 우스갯소리로 하나님이 사람을 만들 때 여성과 남성에 대한 각각의 보증기간이 다르다고 합니다. 남자가 대략 60여년 전후로 비교적 긴 데 반해서, 여자는 불과 40여년 밖에 되지 않는다는 것이지요. 이는 바로 여성들에게 고유한 갱년기와 폐경기에 따른 여성호르몬 '에스트로겐'의 분비가 급격하게 줄어드는 현상 때문입니다.

최근에는 남성들의 갱년기 문제도 거론하고는 있습니다만, 이는 대체로 여성들에 비해서 정신적인 측면에 더욱 초점을 맞추고 있는 듯 싶습니다. 예컨대, 중년 이후에 열정을 상징하는 '도파민' 호르몬의 부족으로 인한 의욕과 용기의 상실을 들 수 있습니다.

비만과 관련한 호르몬을 공부할 때도 여성호르몬 에스트로겐에 대해서 살펴보았는데요. 여성들은 대략 40대 초반, 빠르면 30대 후반부터 갱년기가 시작되어서 대체로 50세 전후가 되면 폐경기로 접어듭니다.

이 시기부터 여성들은 에스트로겐의 분비가 들쭉날쭉해지고, 종국에는 에스트로겐의 분비가 극도로 줄어들면서 건강상의 많은 문제점에 봉착하게 됩니다. 물론 폐경이 된다고 해서 에스트로겐이 완전히 없어지는 것은 아니지요. 지방세포가 대신해서 에스트로겐을 분비하기는 하지만 난소에서는 더 이상 에스트로겐이 만들어지지 않으므로 그 양에 있어서 이전과 비교할 수 없이 현격하게 줄어드는 것입니다.

갱년기 이후 여성건강의 문제점들은 그 종류가 너무나 다양한데요, 안면 홍조와 야간 발한은 대표적인 초기 증상입니다. 이밖에도 정신적으로 감정의 변화가 커져서 우울감과 불안감, 신경과민, 집중력 저하 등이 나타납니다. 또한 육체적으로도 더 이상 아기를 낳을 수 없게 되어서 그런지 질의 건조와 위축증, 성교통 등으로 부부생활에 어려움도 겪을 수 있습니다. 빈뇨, 요실금 등과 같은 요로계 증상도 나타날 수 있으며, 피부 역시 건조해지고 탄력이 떨어지게 됩니다.

위에서 든 초기의 문제점들은 생활에 불편을 주기는 하지만 치명적이라고까지는 할 수 없습니다. 그러나 갱년기 후기, 즉 폐경기 이후로 나타나는 본격적인 증상은 삶의 질을 완전히 좌우하는 중요한 문제들입니다. 가장 대표적인 문제는 바로 골다공증입니다. 이 질환은 뼈의 강도가 약해지면서 약한 충격에도 쉽게 골절이 일어나는 상태를 말합니다. 이는 뼈에서 칼슘이 빠져나가는 것을 막아주는 역할을 하던 에스트로겐이 급격하게 줄어들면서, 뼈에서 칼슘이 마구마구 빠져나가게 되는 것이지요.

호르몬을 공부하면서도 말씀드렸지만, 골다공증은 여성의 노년기 삶의 질을 결정하는 결정적인 질환입니다. 한번 뼈가 부러지면 다시는 튼튼하게 붙기가 어려우며 나머지 생을 병상에 누워서 보내야만 할 가능성이 크다는 것입니다. 여성호르몬을 채워야 한다는 주제를 말씀드리고 있지만, 평상시 고품질의 칼슘제재를 드시는 것이 필요합니다. 식품으로 섭취하기에는 부족할 수 있습니다.

또 다른 중요한 문제는 바로 심혈관계 질환의 증가입니다. 이

부분은 비만과도 관련이 있는 문제인데요, 에스트로겐은 콜레스테롤을 조절하는 역할을 함으로써 폐경전 여성은 남성에 비해 심혈관 질환의 빈도가 낮게 나타납니다. 그러다가 폐경 이후에는 남성과 비슷한 형편이 되는데, 실제로 폐경 이후의 여성 사망원인 제1의 질환은 여성들이 흔히 두려워하는 자궁암, 유방암이 아닌 심혈관계 질환이랍니다. 그래서 콜레스테롤을 조절하는 에스트로겐이 줄어들다 보니 혈관건강에 문제가 생기는 것이고, 또한 치매의 가장 흔한 형태인 알츠하이머병을 증가시킨다는 보고도 있다고 합니다.

비만과 관련한 부분을 말씀드리자면, 우리가 '비워라'에서 혈관청소에 대해서 공부했는데요. 역시나 에스트로겐의 결핍은 혈관청소에 크게 장애가 되는 부분이기도 합니다. 또한 남성에 비해서 피하지방 쪽에 주로 쌓이던 잉여지방이, 폐경 이후로 에스트로겐이 줄어들면서는 남성과 마찬가지로 건강상 직접적인 악영향을 미치는 내장지방 쪽으로 모이게 된다고 했습니다. 그리고 보면 참, 나잇살은 남자나 여자나 모두 복부에서 만나게 되는군요. 에스트로겐을 채워주지 못하면, 에스트로겐의 분비가 활발한 젊은 여성이나 또는 에스트로겐이 상대적으로 덜 중요한 남성들에 비해서 다이어트의 효과가 극히 떨어질 수밖에 없습니다.

이러한 여성들의 폐경기 건강문제와 관련해서, 의료기관에서는 폐경기 증상을 완화하고 삶의 질을 개선하기 위해 호르몬 대체요법(HRT, Hormone replacement therapy)을 실시합니다. 여성호르몬 에스트로겐을 직접 투여한다는 말인데요, 자궁을 들어낸 여성을 제외하고는 임신에 관여하는 황체호르몬 프로게스테

론을 함께 투여한답니다. 그러나 최근 연구들에서는 호르몬 대체 요법이 전체적으로 심장병 예방 효과가 별로 없는 것으로 나타나고 있고, 유방암, 자궁내막염, 정맥혈전증 등의 부작용이 꾸준히 제기되고 있는 형편이랍니다.

여성들 참 문제입니다. 우리가 '비워라'의 혈관청소 공부하면서, 오메가3 지방산 섭취를 위해 생선을 먹긴 먹어야 하는데, 먹자니 중금속이 겁나고 안 먹자니 혈관이 막힐까봐 겁나고 하던 생각나시죠. 여기서도 마찬가지네요. 여성호르몬 투여 받자니 유방암, 자궁내 염증, 정맥에 혈전 걱정되고, 안 받자니 삶의 질이 떨어진데다 심혈관 질환, 골다공증까지 걱정되니 어찌어찌해야 합니까.

대안은 식물성 여성호르몬 대체재를 섭취하시는 것입니다. 물론 정선된 원료와 우수한 기술력으로 그 임상적 효능까지 검증된 고품질의 제품을 잘 선정하셔서 드셔야 되겠지만요. 식물성 여성호르몬은 실제 호르몬은 아니지만, 우리 몸속에서 호르몬과 유사한 역할은 하면서도 위에서 제기되는 것과 같은 건강상의 문제를 일으키는 경우는 매우 드뭅니다.

호르몬이 부족하다고 해서 호르몬을 직접 공급해주면 물론 좋기는 하겠지만, 우리 인체에서 얼마만한 양이 필요한지 정확한 양을 알기가 어려우며, 만일 여기에서 벗어날 경우 부작용이 발생하는 것입니다. 대체로 우리 몸이 그만큼 예민하기도 한 것이지만, 호르몬의 경우에는 특히나 예민한 문제지요.

그런데, 우리가 음식을 통해서 섭취하거나 또는 식물에서 직접 추출하여 섭취하게 되는 식물영양소들은 우리 몸에서 필요시 영양소나 호르몬과 같은 기능을 하면서도, 필요가 없을 경우에는 일부 축적되기도 하지만 대개는 그냥 배출됨으로써 별다른 문제를 일으키지 않게 됩니다. 말이 장황한데요, 예컨대 득은 있지만 실은 없다는 말씀입니다. 식물에서 추출되는 여성호르몬 기능을 하는 성분은 콩과 석류 등에서 추출되는 '이소플라본'이 대표적이고, 백수오에서 추출되는 '레시틴'성분, 아마인에서 나오는 '리그난' 등이 있습니다. 주요 다이어트 성분에서 다루겠습니다.

(2) 세포기능 강화 : 미토콘드리아

'채워라'의 두 번째는 세포기능의 강화입니다. 우리가 영양소 중에서 미네랄과 비타민을 공부할 때 일부 알아보았지만, 우리 몸이 신체활동에 필요한 에너지는 대부분 우리 몸 세포 속의 미토콘드리아에서 만들어집니다. 미토콘드리아는 우리 몸에 약 60조 개 이상 존재하는 각 세포 속에 수백에서 수천 개씩 있습니다. 기능이 복잡하고 중요한 기관의 세포일수록 그 숫자가 더욱 많습니다. 이를테면 뇌, 심장, 간 등의 세포에는 수천 개씩의 미토콘드리아가 살면서 에너지를 만들어내고 있는 거지요.

미토콘드리아는 세포 속에 들여진 영양소와 산소를 이용한 아주 효율적인 에너지를 생산해 내는데요, 그 에너지를 ATP(아데노신삼인산, Adenosine triphosphate)라고 하며 바로 바로 세포 속에서 사용이 되고 축적이나 저장은 되지 않습니다. 다만 즉시 에너지가 필요한 경우를 대비해 간과 근육에 약 2천 칼로리 이상을 글리코겐의 형태로 저장을 하지요. 그런데 이 핵심적인 세포 속 소기관인 미토콘드리아가 기능이 떨어지거나 숫자가 줄어들면 우리 몸이 필요로 하는 에너지를 제대로 공급을 못하게 됩니다. 비록 아무리 우리가 좋은 영양분을 섭취한다고 해도 말이지요. 이게 바로 핵심입니다.

우리 몸은 원래 하나님께서 설계하실 때, 특별한 이상이 없는 한 대략 120세에서 150세까지는 젊고 건강하고 팽팽하게 살 수 있도록 설계가 되었답니다. 그런데 왜 실제에서는 그러지 못하는 것일까요. 왜 우리는 대개 100살도 되기 전에 힘도 없어지고, 피부도 쭈글쭈글하게 변하고, 정신도 흐릿해져, 늙고 병들어 죽게 되는 것일까요. 하나님이 만들어주신 대로라면 20대 때의 팽팽하고 건강한 모습으로 평생을 살다가 어느 날 하나님 주신 생명에너지가 다하는 시각 잠들듯이 숨을 거둘 텐데 말입니다. 이게 다 미토콘드리아에서 만들어내는 에너지의 차원에서 설명이 가능합니다.

노화와 질병을 설명하는 시작이 미토콘드리아에서부터입니다. 우리가 세월이 지날수록 미토콘드리아의 숫자가 줄어들고 그 기능이 떨어지면서 충분한 에너지를 만들지 못하기 때문입니다. 에너지가 부족해지면, 그 사용이 우리 몸의 생명작용을 위한 우선순위대로 쓰이기 때문이지요. 무슨 말이냐 하면, 에너지가 충분할 때는 우리 몸을 충분히 보수하고 재건해서, 피부도 여전히 팽팽하고 머리카락도 빠지면 즉시즉시 만들어냅니다.

그러나 에너지가 부족해지면 생명을 유지하기 위한 핵심기능, 즉 뇌와 심장활동, 호흡과 체온유지 등에 우선적으로 쓰이게 되고, 여타 생명활동에 핵심적이지 않은 부수적인 영역에는 미처 에너지의 공급이 제대로 이어지지 않게 되는 것입니다. 비유를 하자면, 우리 집에 소득이 충분할 때는 여가활동이나 외식, 그리고 자녀들의 과외, 유학까지도 보낼 수 있지요. 그러나 소득이 줄어들면 기초적인 의식주 생활 밖에는 충당할 수가 없는 것과 마찬가지인 것입니다. 그러한 가계소득이 부족한 형편이 지속되는 것이 노화이며, 질병인 것입니다.

개념적으로 분리해서 설명을 드리면 다음과 같습니다. 미토콘드리아가 ATP를 충분히 만들어낼 때는 에너지가 왕성하여, 외부의 공격을 방어하고 손상된 부분을 즉시 복구해 냄으로써 우리 몸의 건강을 유지합니다. 그러나 ATP 부족 1단계가 되면, 외부의 공격에 의해 손상된 세포를 다 복구해내지 못합니다. 이럴 경우 세포는 자살명령을 내려서 회복이 불가하게 손상된 세포를 스스로 제거합니다. 이 자살명령을 '아폽토시스(Apoptosis)'라고 하며 이 명령권은 미토콘드리아에게 있습니다.

ATP 부족 2단계가 되면 에너지가 더욱 부족해짐으로써 자살명령 조차도 제대로 내리지를 못하게 됩니다. 이 경우는 세포가 괴사하여 염증으로 나타나는데, 이를 '네크로시스(Necrosis)'라고 합니다. 대개의 질병들을 생각하면 염증으로 이루어지며, 이는 우리 몸의 면역력이 극히 저하되어 있다는 표시입니다. 마지막으로 ATP가 완전히 부족해지면 드디어 본격적인 질병으로 나타나는 것입니다.

참고로 우리 몸은 매일 2조개의 새로운 세포가 만들어지는데, 그 중에 얼추 5천 개의 암세포도 발생한다고 하는데요, 이러한 암세포의 대략 80%는 미토콘드리아의 자살명령에 의해서 처리가 되며 나머지는 백혈구가 잡아먹는답니다. 이러고도 남은 암세포들이 세월을 두고 모이고 모여서 조직을 만들어 각종 암으로 나타나는 것입니다. 그러니 암은 하루 이틀에 생기는 것이 아니고 최소 십 년에서 이삼십 년에 걸쳐 만들어지는 것입니다. 그래서 대개 노인병입니다.

우리 몸의 세포 속에서 산소를 이용한 여러 대사과정에서 만들어지는 부산물이 있습니다. 이것을 '활성산소(Oxygen free radical)'라고 하는데요. 미토콘드리아가 에너지를 만들 때 산소를 사용하기 때문에 활성산소의 대부분은 여기에서 만들어지며, 대략 사용된 산소의 1-2% 내외로 나옵니다. 활성산소는 분자내 전자가 하나 부족한 불완전한 구조로서, 일반 산소보다 수천 배나 높은 산화력을 지니고 있다고 합니다. 이러한 활성산소가 이웃한 정상 분자로부터 전자를 뺏고 뺏기는 과정을 연쇄적으로 발생시켜, 이 과정이 결과적으로 우리 몸속의 세포를 공격하는 형태로 나타나게 됩니다.

미국의 존스홉킨스대학 의과대학에서는 이미 1991년에 현대인의 3만 6천 가지 이상의 질병 중에서 대략 90% 이상이 활성산소와 관련이 있다는 보고를 한 적이 있습니다. 질병의 나머지 10% 정도는 대개 병균에 의한 감염성 질환입니다. 위의 '비워라' 림프청소에서 면역체계에 대해서 알아보았는데요. 외부 병균과 유해물질에 의한 공격은 백혈구와 림프구가 막아서 지키고, 내부 활성산소에 의한 공격은 세포 자체의 에너지로서 방어와 복구를 하고 또 미처 다 처리하지 못한 암세포 등은 백혈구의 도움을 받기도 하는 거지요.

그러다가 결정적으로 에너지가 부족하게 되면 면역력의 저하로 급격한 노화와 질병으로 가게 되는 것입니다. 우리 몸에 무리한 대사를 일으켜서 활성산소를 대량으로 만들어내는 데는 대표적으로 과로, 흡연, 스트레스, 비만, 폭식, 과식, 자외선 과다노출, 약물, 환경오염 등을 들 수 있습니다. 뭐가 제일 활성산소를 많이 만들어낼까요? 한번 맞혀 보십시오.

우리가 비만과 다이어트를 주제로 하면서, 올바른 시스템의 '채워라'에서 세포기능 강화를 이야기하고 또 그러면서 미토콘드리아에 대한 이야기를 하는 것은, 미토콘드리아의 기능이 왕성하고 숫자가 많으면 그만큼 많은 에너지를 만들어내게 되고, 결국 비만과 관련해서는 우리가 섭취한 영양소를 남기지 않고 모두 제대로 잘 소모시킴으로써, 남는 칼로리가 지방으로 저장되는 일이 없게 된다는 말입니다.

설명이 너무 장황한가요. 그러나 사실은 가장 근본에 닿아있는 내용이라고 할 수 있습니다. 우리 몸을 얘기하면서 눈에 보이지 않는 정신적인, 정서적인, 그리고 영적인 부분을 제외하고, 눈에 보이는 육체 중에서 세포와 그 속의 미토콘드리아 보다 더 기초적인 단위가 어디 있겠습니까.

(3) 미토콘드리아 생성법

그럼 어떻게 하면 미토콘드리아를 왕성하게 할 수 있을까요. 미토콘드리아를 활성화시키고 숫자를 늘리는 방법 4가지를 정리합니다. 첫 번째는 참치트레이닝입니다. 무슨 말이냐고요. 참치는 붉은 지구력 근육으로 뭉친 장거리 회유어입니다. 지구력 근육을 키울 수 있는 유산소 운동을 하셔야 한다는 말입니다. 우리 몸에는 두 가지 종류의 근육이 있습니다. 지구력의 붉은 근육(적근)과 순발력의 흰 근육(백근)입니다. 적근은 주로 몸속의 골격근입니다. 근육 중에도 이 골격근 속에 미토콘드리아가 많이 존재합니다.

　참치트레이닝은 자신의 운동능력을 100% 다 사용하는 것이 아니고 70-80% 이내에서 약간 숨이 차고, 땀이 날 정도로 운동을 하는 것입니다. 종류는 무엇이든 좋습니다. 본인이 하고 싶은 운동을 하시면 됩니다. 등산도 좋고, 배드민턴도 좋고, 좀 빨리 걷는 산책도 좋고, 헬스장 물론 좋죠. 요가, 에어로빅 아주 좋고, TV 드라마 보시면서 아령을 드시는 것도 좋습니다. 이렇게 운동을 하시면 몸을 바로잡아 주는 골격근뿐만 아니라, 잠시도 쉴 수 없는 심장과 내장의 근육도 튼튼해집니다. 미토콘드리아 팍팍 들어납니다.

　두 번째는 평상시 자세를 반듯하게 유지하는 것입니다. 자세를 반듯하게 유지하려면 등의 근육을 계속해서 사용해야 합니다. 미토콘드리아는 우리 몸의 골격근 중에서도 등 근육과 허벅지 근육에 많이 있답니다. 그래서 자세를 반듯하게 가지려고 노력하는 것만으로도 미토콘드리아가 늘어나고 왕성해짐으로써, 건강해지고 젊어집니다. 사실 모든 행위의 시작은 자세에서부터라고 하지 않습니까. 재미있는 점은 '자세, 태도'를 나타내는 Attitude가 알파벳 점수를 매기면(a=1, b=2, c=3…… z=26) 완벽하게 100점이라는 사실입니다. 이에 반해 행운(Luck)은 46점, 열심히 일함(Hard work)은 98점인데 반해서 말이지요. 위의 운동 중에서 반듯한 자세를 강조하는 태권도, 재즈댄스 같은 운동은 정말 좋겠죠.

　세 번째는 추위를 이용하는 것입니다. 우리 몸이 일시적으로 추위를 겪게 되면 몸은 당연히 ‘에너지가 더 필요하다’고 느끼게 됩니다. 그러면 더 많은 에너지를 만들기 위해서 미토콘드리아를 활발하게 돌리고 숫자도 늘리게 됩니다. 군인들이 추운 겨울에 웃통을 벗은 채로 구보를 하는 것이나, 아침마다 하는 냉수마찰을 생각하시면 이해가 빠를 듯 싶습니다. 물론 평상시에는 몸을 따뜻하게 해야겠지요. 일상적으로 몸을 차게 하여 체온을 떨어뜨리는 것은 당연히 건강에 좋지 않습니다. 체온이 1도 내려가면 면역력은 3분의 1이상이나 떨어진다고 합니다.

　네 번째는 소식입니다. 일본 속담에 ‘하라하찌부(腹八分)’라는 말이 있습니다. 배를 가득 채우지 않고 약 80% 정도만 먹는다는 말입니다. 소화에 드는 부담을 줄이고 섭취한 영양분을 100% 제대로 활용하기 위해서는 위를 가득 채우기보다는 약간 적게 먹는 것이 훨씬 좋다는 말이지요. 이는 노화와 관련한 학계의 정설이기도 합니다.

　미국 국립영장류센타의 소장을 지낸 ‘리처드 와인드럭’박사의 30여년 이상에 걸친 살아있는 침팬지를 대상으로 한 노화연구에서도, 정상 섭취 칼로리의 70% 정도만 섭취한 침팬지들이 정량 급식한 침팬지들에 비해 가장 왕성한 최적의 유전자 활동을 통해 젊음을 유지한다는 사실이 밝혀졌습니다. 이러한 ‘칼로리 제한(Caloric restriction)’은 노화를 막는 유일한 과학적 방법으로 학계에서도 인정되고 있습니다.

　이러한 소식이 우리 몸속의 미토콘드리아를 활성화시키고 숫자를 늘립니다. 조금 적게 먹음으로써 소화대사에 드는 부담이 주는 만큼, 우리 몸을 유지 보수하고 재건하는데 더 효율적으로 에너지를 쓸 수가 있어서겠지요. 마치 비유하자면 활을 항상 팽팽한 상태로 두면 줄이 늘어나 못쓰게 되지만, 평시에는 조금 느슨하게 두면 필요시 언제나 최상의 상태로 사용할 수 있는 것과 같습니다. 이러한 '칼로리 제한'은 세포 속의 유전자를 최적으로 발현시키고 미토콘드리아를 왕성하게 함으로써 젊음을 유지할 수 있게 해줍니다.

그런데 최근에는 최적으로 조합된(optimally formulated) 유효한 식물영양소 성분을 섭취함으로써 '칼로리 제한'과 동일한 효과를 단기간에 거둘 수 있음이 밝혀지고 있습니다. 미토콘드리아를 가장 왕성하고 활발하게 만들어줄 수 있는 가장 강력한 식물영양소는 '코디셉스 시넨시스'라는 학명을 가지고 있는 '동충하초'입니다.

우리가 다이어트의 올바른 시스템이라는 주제로 '비우고, 태우고'에 이어서 요요를 막기 위한 '채우기'의 이상적인 방법으로 미토콘드리아의 활성화에 의한 세포기능 강화를 다루고 있는데요, 재미있는 사실은 이 미토콘드리아는 어머니의 건강과 바로 직결되어 있다는 점입니다. 무슨 말이냐면은요, 우리가 일반적인 유전자는 엄마와 아빠에게서 절반씩 물려받지만, 이 미토콘드리아만큼은 엄마에게서 100% 물려받는다는 사실입니다. 엄마의 자궁에서 애기가 잉태되기 전에 난자 속에는 미토콘드리아가 약 10만개 정도 있답니다. 반면에 정자 속에는 100개 정도밖에 없답니다.

그런데, 이 정자 속의 100개밖에 되지 않는 미토콘드리아도 수정시 대부분 난자 속으로 들어가지 못하고, 일부 들어가더라도 즉시 분해되어 버리고 만답니다. 그래서 미토콘드리아는 100% 어머니한테서만 받게 됩니다. 그래서 자녀들의 건강은 거의 엄마의 건강과 직결되는 것이지요. 역시나 엄마입니다. 애초에 모든 생명의 형태는 여성의 형태로 출발한다고 했는데, 그 말이 맞는 것 같습니다. 어머니들, 아니 어머니가 되실 모든 여성분들, 건강하시기를 꼭 축원드립니다.

(4) 해당계 에너지

우리 몸이 필요한 에너지의 대부분, 대략 95% 정도는 세포 속 독립 소기관인 미토콘드리아에서 만들어지지만, 일부는 세포질 자체에서도 만들어지는데 이를 해당계 에너지라고 합니다. 해당계 에너지는 세포 속에 들어온 영양분 중에서도 포도당만을 사용하고, 산소도 사용하지 않습니다.

만들어지는 속도는 무척 신속하지만 에너지 효율은 매우 떨어져서, 미토콘드리아가 TCA싸이클을 통해 포도당 1분자당 36×ATP(아데노신삼인산)를 만들어내는데 비해, 해당계는 2×ATP밖에 만들지 못합니다. 이는 주로 우리 몸이 순발력을 발휘할 때, 즉 순발력 근육인 백근의 에너지원으로 사용됩니다. 해당계 에너지가 사용되고 나면 그 부산물로 젖산이 근육에 쌓이게 되면서 피로와 통증을 느끼게 됩니다.

해당계 에너지를 가장 많이 사용하는 사람은 육상의 단거리 주자를 생각하시면 되겠습니다. 이들은 100미터를 거의 숨도 쉬

지 않고 달리지요. 그리고, 순발력을 위한 백근이 우람하게 발달
되어 있습니다. 이러한 예외적인 경우를 제외하고는, 일반적인
우리들의 경우에는 해당계 에너지를 많이 사용하게 되면 건강에
좋지 않습니다. 우리 몸속에서 미토콘드리아가 에너지를 제대로
만들어내지 못하고 산소도 부족한 상태가 되면 이를 만회하기
위해 해당계 에너지대사가 활발하게 되는데요, 당뇨를 예를 들어
서 말씀드리겠습니다.

당뇨는 영양분과 산소가 세포 속으로 잘 들어가지 못해서 전체
적으로 필요한 에너지를 제대로 만들어내지 못하고, 또 혈관 속에
는 미처 세포내 에너지대사에 사용되지 못한 영양분들이 쌓이면
서 고혈당의 상태가 되는 것이지요. 그래서 혈관이 뻑뻑하고 끈적
끈적해지면 우리 몸 구석구석에 필요한 혈액의 공급도 부족해집
니다. 한 마디로 우리 몸 전체가 저혈류, 저산소, 저체온의 상태로
놓이게 됩니다.

이는 곧 해당계 에너지를 만들어내라는 신호를 울리는 것과
같습니다. 당장은 해당계 에너지의 생산으로 필요한 에너지를 어
느 정도 보충할 수는 있겠지만, 2차적으로 누적되는 젖산으로
만성피로에 빠지게 되며 이러한 악순환이 반복되는 가운데, 악순
환의 고리를 끊지 못하면 치명적인 합병증으로 가게 되는 것입니
다.

해당계 상태의 몸이 되면 대체로 저혈류, 저산소, 저체온을 특
징으로 하며 이는 또 질병에 가까이 노출되어 있는 것입니다. 건
강이 안 좋거나 질병이 있으신 분들은 대체로 몸이 찹니다. 그리
고 해당계의 특징은 분열입니다. 이러한 분열의 상징이 바로 암세

포입니다. 몸을 따뜻하게 하면 분열이 억제되고, 차게 하면 분열이 촉진됩니다. 그래서 암세포의 성장을 막으려면 몸을 따뜻하게 해야 합니다.

또 다른 분열의 대표는 바로 정자인데요, 정자와 난자가 만들어지는 메커니즘을 보시면 이해가 더 쉽게 되실 겁니다. 난자가 몸속의 가장 따뜻한 곳에서 성숙해지는데 반해, 정자는 몸 밖의 시원한 곳에서 분열을 활발하게 거듭하는 것입니다.

제가 아들에게 당부한 내용이 하나 있습니다. 앞으로 어떤 사람이든 네가 사랑하는 사람과 결혼을 하면 된다, 그런데 가능하면 배꼽티 즐겨 입는 아가씨, 특히나 배꼽에 피어싱한 사람은 좀 피하기를 바란다고요. 왜 그랬냐면, 이게 다 위의 내용에서 비롯되는 이유입니다. 앞으로 어머니가 될 사람은 몸속 가장 따뜻한 곳에서 생명의 씨앗을 성숙시켜야 하는데, 그 부위를 차게 내놓고 다니다니요. 게다가 열이 잘 빠져나가도록 전도체 역할을 하는 금속 핀까지 꽂아두었다면 어떻겠습니까. 기왕 몸에 있는 구멍에 만족하지 못하고 더 뚫는 거야 개인의 취향이겠지만, 어머니가 될 사람이 배꼽 부위에 그러는 것은 좀 거시기합니다.

(5) 기초대사량 늘리기 : 운동

건강한 다이어트를 위해서 반드시 해야 하는 것이 운동입니다. 운동을 하지 않으시면 올바른 다이어트가 되기가 어렵다는 것은 별다른 설명이 없어도 누구나 납득을 하실 텐데요. 운동을 하지 않는다면 아무리 다이어트를 열심히 하더라도 건강한 몸으로 다시 태어나기는 어렵습니다. 운동의 방법에 대해서는 위의 미토콘드리아의 기능을 활성화시키고 숫자를 늘리기 위한 적근 위주의 유산소운동에서 말씀드린 내용과 대동소이하므로 생략하겠습니다. 여기서는 운동의 효과와 필요성을 중심으로 설명드리겠습니다.

운동의 효능을 세 가지로 나누어 설명 드리면, 첫 번째는 칼로리의 소모입니다. 일단은 우리가 섭취하는 칼로리를 운동을 통해서 충분히 에너지로 전환시키고 소모함으로써, 우리 몸에 여분의 칼로리가 지방으로 저장되는 일이 없겠지요. '구르는 돌에는 이끼가 끼지 않는다'는 속담과 같습니다. 속담은 참 다용도로 쓸 수가 있군요.

체중 60kg 성인을 기준으로 대략 30분 정도 운동을 했을 때 소모되는 칼로리를 살펴보면 요가, 산책, 아령 정도의 가벼운 운동이 100kcal 이내, 배드민턴, 배구, 테니스 등의 중간 정도 운동이 대략 200kcal 안팎, 조깅, 줄넘기, 에어로빅, 수영 등의 센 운동은 300kcal 내외입니다. 물론 운동방법과 강도에 따라서 많이 다를 수 있습니다.

두 번째는 운동을 하시면 체내 축적된 지방을 연소시킬 수 있습니다. 간혹 어떤 분들은 보면, 평상시보다 분명히 식사량을 줄였는데도 되레 살이 쪘다고 투덜대시는 분들 있습니다. 식사량을 줄였으면 살이 빠져야 되는데 어째서 살은 더 늘어난 것일까요. 이런 분들의 경우에는, '원푸드 다이어트'에서 말씀드린 바와 같이 부족한 영양소를 채우기 위해서 근육을 쪼개서 사용한다고 했습니다. 그러다 보니 몸의 기초대사량이 줄어들어서, 분명히 이전보다 적은 양의 칼로리를 섭취했음에도 불구하고 오히려 에너지대사에 사용되고 남는 칼로리는 더 커진 것이지요. 그래서 결과적으로 살이 더 찌게 되는 것입니다. 일종의 요요현상이 거의 동시적으로 진행된 것으로 볼 수 있겠습니다.

이런 현상을 막을 수 있는 것이 바로 운동입니다. 식사량을 줄이면서도 조금씩 운동을 병행하게 되면, 그냥 식사량을 줄일 때보다는 더 많은 에너지 소모가 일어나게 됩니다. 그래서 운동으로 인해 급하게 늘어난 에너지 수요를 대체하기 위해서는 어쩔 수 없이 지방의 연소가 촉진되게 되는 것입니다. 식사량만 줄일 때는 체지방을 태우기가 쉽지 않을 수도 있지만, 운동까지 병행하게 되면 지방의 연소가 쉽게 일어납니다.

세 번째는 위에서 언급한 기초대사량과 관계되는 것으로, 운동을 하게 되면 결과적으로 근육이 늘어나고 즉 이는 근육 속에 미토콘드리아도 많아짐으로써 기본적으로 소모되는 에너지, 즉 기초대사량이 커지게 되는 것입니다. 기초대사량이 늘어나면 예전과 같은 정도의 칼로리를 섭취하더라도 여분의 지방은 축적되지 않게 됩니다. 즉 요요 없는 건강한 다이어트의 완성이지요. 기초대사량은 자동차의 비유로 쉽게 이해가 가능한데요, 똑같이 시동만 건 채 움직이지 않고 있어도 덩치 큰 에쿠스가 조그만 마티스에 비해 기름이 더 드는 것과 같은 이치지요.

그래서 대부분의 다이어트 희망자들께서는 식사량을 줄이고 운동을 하면 살이 빠지고 다이어트가 된다고 생각합니다. 이게 상식입니다. 맞습니다, 그런데 줄인 식사량과 운동만으로 하는 다이어트에도 문제점이 있습니다. 일단은 지금까지 살펴보았듯이 굶으면서, 허기와 싸우면서 악으로 깡으로 하는 다이어트는 성공하기가 어렵고요. 그리고 설사 허기를 이기고 그러면서도 운동을 병행하는 다이어트를 진행하여, 빛나는 S-라인과 식스팩에 거의 접근했다고 해도 여전히 문제가 남습니다.

예전에 TV 방송에서 조 모 개그맨이 자신의 '몸짱 만들기' 경험담을 들려준 적이 있습니다. 아내의 권유로 식스팩의 몸짱이 되기 위해서 이를 악물고 불철주야 노력을 했답니다. 그래서 간신히 식스팩을 완성하고, 드디어 방송섭외가 물밀듯이 들어오겠구나, 했는데 아무런 연락이 없더랍니다. 그래서 담당PD에게 왜 출연제의가 없느냐고 문의를 했더니, 도로 살을 쪄서 오라고 하더랍니다. 문제인즉, 소위 '복근은 얻었으나, 얼굴을 잃어버린' 것이지요. 즉, 격심한 다이어트와 운동의 결과로 몸은 만들었으나, 얼굴이 쭈글쭈글한 노안으로 바뀌어 버린 것이지요. 그래서 할 수 없이 다시 살을 찌웠답니다. 어쩌면 이게 한계입니다.

우리가 올바른 다이어트의 시스템을 '비우고, 태우고, 채우고'의 관점에서 이야기하면서, 다이어트를 도와주는 여러 가지 식물영양소 성분과 이들이 최적으로 조합된 좋은 다이어트 보조식품의 도움을 받을 필요에 대해서 말씀을 드렸는데요. 역시나 마찬가지로 이러한 피부의 노화를 막기 위해서는 최적화된 다이어트 식품이나 종합영양제를 다이어트와 함께 섭취하시는 게 반드시 필요합니다. '식사조절+ 운동+ 보조식품' 이게 기본입니다.

(6) 사랑의 회복 : 스트레스 줄이기

올바른 다이어트 시스템의 완성은 '사랑의 회복'입니다. 사실 이 부분은 제일 먼저 시작되어야 할 부분이기도 하지요. 그러나 비우고, 태우고, 채우고의 순서를 따르다 보니 제일 나중에 나오게 되었습니다. 우리가 이 공부의 처음 부분에서, 비만으로 힘들어하는 분들의 대부분은 현재적 내지는 잠재적 우울증 환자로서, 다이어트는 다름 아닌 사랑의 회복이라고 이미 말씀을 드렸는데요. 그리고 호르몬을 공부하면서도 스트레스가 비만에 미치는 영향에 대해서 말씀을 드렸습니다.

결국은 스트레스를 많이 받고 이를 제대로 극복해내지 못하면 우울증에 빠지는 것 아니겠습니까. 그러면 이 텅 빈 가슴을 단맛으로 채우려고 먹는 것에 몰두하다 보면 비만으로 이어진다는 것이지요. 채우기의 이 마지막 부분에서는 스트레스를 이기고 사랑을 회복하는 부분에 대해서 말씀을 드리겠습니다.

참 말은 쉽지만 스트레스를 어떻게 쉽게 극복하고 이길 수가 있겠습니까. 위에서 말씀드린 적이 있는 식욕억제제로 사용되는 프로작 같은 항우울제를 처방받으면 일시적으로는 어려움을 넘길 수가 있겠지요. 하기야 미국 같은 경우에는 조금만 기분이 언짢고 우울하고 슬퍼져도 쪼르르 정신과 병원에 달려가서 처방을 받고 하기는 한다고 하더만요. 그러나 이러한 향정신성 약품은 부작용도 있고 의존성이 커서 장기간은 사용하기가 곤란하다고 이미 말씀을 드렸습니다. 물론 무해한 식물영양소 성분을 통해 스트레스를 덜고, 평온한 상태를 회복하는데 도움을 받기도 하기는 합니다만.

그러나 사람이 또 어떤 존재입니까. 당뇨를 말씀드릴 때, 세상에 없는 것 3가지 중에서 사람이 마음먹어서 안 되는 불가능이란 없다고 했습니다. 사람이 얼마나 귀한 존재입니까. 하나님이 사랑으로 가득 채워서 이 땅에 생명으로 내려주신 귀하고 귀한 존재들 아닙니까. 이러한 본원적인 사실을 우리가 다시 깨닫기만 한다면 어려울 것은 아무 것도 없습니다. 우리 자신에 대한, 우리 자신의 규정을 재맥락화할 필요가 있습니다. 나는 귀한 존재다, 당신도 귀한 존재다. 이러한 재맥락화가 스트레스를 이기고 사랑을 되찾 게 해줍니다.

　불교에서는 사람이 얼마나 귀한 존재인지를 비유로 설명하고 있습니다. 태평양 같은 망망대해에 조그만 판자가 둥둥 떠다닙니 다. 판자의 가운데에는 동그란 구멍이 나 있습니다. 그런데 이 태평양 바다에는 백만 년 만에 한 번씩 바다위로 고개를 내미는 바다거북이가 한 마리 살고 있습니다. 바다거북이가 백만 년 만에 한 번씩 바다위로 고개를 내밀기를 수없이 되풀이한 가운데, 어느 또 다른 백만 년 만에 바다거북이가 고개를 내미는데 때마침 그 순간에 거북이 고개가 판자 구멍으로 쏙 들어갔습니다. 이러한 어려운 확률로 사람이 태어난답니다. 그래서 가장 큰 죄가 사람을 무시하는 것이랍니다.

　믿기가 어려우시다면 생물학적 확률로 계산해 보겠습니다. 한 남자와 한 여자가 만나서 아이를 낳습니다. 여자가 평생에 걸쳐 성숙시켜 내보내는 난자는 400여개, 남자가 열심히 분열시켜 내 보내는 정자는 평생에 걸쳐 아마도 수 조개일 것입니다. 그런데 아이는 불과 몇 명이나 태어나나요. 엄청난 확률을 뚫고 태어난 귀한 생명임을 아시겠지요.

　어느 대학교수님이 강의시간에 학생들 앞에 5만 원권을 꺼내 들었습니다. 그리고는 갖고 싶은 학생은 손들라고 했습니다. 대부분의 학생이 손을 들었죠. 그러자 돈을 마구 구겼습니다. 그러고 나서 다시 갖고 싶은 사람 손들라고 했습니다. 역시 대부분 학생이 손을 들었습니다. 그러자 이번에는 교수님이 돈을 땅에다 던지고 막 발로 밟고 흙을 묻히고 침까지 뱉었습니다. 그러고 마지막으로 다시 물었습니다. 갖고 싶은 사람은 손을 들라고요. 그러자 학생들은 의아해 하면서도 역시 대부분 손을 들었습니다.

교수님이 말씀하셨습니다. "그래, 이 돈은 아무리 짓밟히고 더럽혀져도 가치는 그대로다. 너희들 역시 그렇다. 세상에 나가 아무리 쓰러지고 시련을 겪고 힘들어도, 아무리 너희를 비난하고 무시하고 손가락질해도, 너희들 속에 가지고 있는 그 가치는 여전히 그대로이다."라고 말이지요.

그렇습니다. 우리가 어떠한 상황에 처한다 하더라도 우리들 자신 속에 내재한 본원적인 가치는 여전히 그대로입니다. 세상에는 1등도 있고 꼴찌도 있습니다. 어마어마한 부자도 있지만 땡전 한 푼 없는 노숙자도 있습니다. 대통령이나 왕족도 있지만 불가촉천민도 있습니다. 식스팩의 8등신 미남미녀도 있지만, 누구도 거들떠보지 않고 외면하는 추한 인물도 있습니다. 그러나 이 모든 것들은 인간의 기준에 불과합니다. 좋고 나쁘고는 단지 현재 처한 그 상황에서 얼마나 유리한가 하는 정도를 반영하는 것에 지나지 않습니다. 높은 경지에서, 하나님의 시각에서 본다면 우리 모두는 다 같이 동등한 귀한 영혼들일 뿐입니다.

사랑을 채우는, 아니 다시 회복하는 방법 한 가지만 제시해 봅니다. 지금부터 나는 절대로 남을 욕하지 않겠다, 또는 절대로 불평불만하지 않겠다. 또는 절대로 부정적인 말을 하지 않겠다.

뭐 비슷하니까 아무거나 하나 붙잡습니다. 그러고는 실천합니다. 처음부터 실천이 잘 될까요. 아마도 쉽지는 않을 겁니다. 그래서 욕하지 않겠다고 해놓고는 또 욕할 겁니다. 그러고 나중에 욕한 자신을 보게 되겠지요. 아 욕해버렸구나, 하고요. 그러나 아무생각 없이 예전처럼 그냥 막 욕하는 것하고, 욕 안하기로 해놓고 욕하는 것하고는 다릅니다. 나중에라도 욕한 자신을 보게 되거든요. 그러고는 또 스스로에게 다짐합니다. 내일부터는 정말 다시는 욕하지 않겠다고요. 그러면 그 다음에는 또 욕하고 나서 즉시로, 또는 욕을 하면서 '아, 내가 지금 욕 안하기로 해놓고 또 욕하고 있구나.' 하고 알게 되겠지요.

의지를 가지고 계속해서 이렇게 반복하다 보면 드디어 욕을 하기 전에 스스로 알아챕니다, 또 욕하려고 하는구나 하고요. 이렇게 사전에 눈치를 채게 되면 욕을 하려는 에너지는 스르르 소멸되기 시작합니다. 그러면 내 삶에서 남에 대한 욕과 비난은 자취를 감추게 되고, 그 빈자리에 연민과 사랑이 돌아오게 됩니다.

한 가지만 우리가 꼭 명심을 하면 좋겠습니다. 세상에 나에게 상처 줄 수 있는 사람은 아무도 없다고. 나에게 상처 줄 수 있는 사람은 오직 나밖에 없으며, 오직 나만이 스스로 나에게 상처를 주고 있다고. 그리고 우리의 겉을 싸고 있는 각양각색의 그 겉모습 속으로, 그 눈들을 가만히 들여다보면 귀하고 귀한 영혼들이 누구에게나 환하고 밝게 똑같이 빛나고 있음을 말입니다. 사랑은 누가 밖에서 우리에게 가져다주지 않습니다. 이미 우리 속에 있는 것을 다시 찾기만 하면 됩니다. 그러면 우리는 이미 사랑 속에서 모두 하나입니다.

8. 체중 감량의 유형

　우리가 올바른 다이어트 시스템에 입각하여 진행한다고 하여
도, 모든 사람이 같은 속도와 같은 유형으로 감량되지는 않습니
다. 이는 다이어트를 진행하는 분의 평소 생활습관과 영양 및 건
강상태 등에 따라 다양한 형태로 나타날 수 있는데, 주로 4가지
유형으로 구분됩니다.

　우리가 다이어트를 하는 일차적 목적은 '과도한 체지방'을 줄이
기 위한 것입니다. 그래서 다이어트를 진행하는 동안 체지방 자체
는 계속 줄고 있어도, 외형상 체중의 변동은 다르게 나타나는 것
입니다. 겉으로 드러나는 차이는 '체지방'이 아닌 '체중'의 변화에
따른 차이입니다.

1) 사선형 : 건강형

처음부터 일정하게 체중이 줄어드는 형태입니다. 다이어트를 하시는 분들에게는 가장 반갑고 바람직한 형태의 감량유형이라고 볼 수 있는데요. 이 경우는 대개 보통의 건강한 남성들이나 젊은 여성들에게서 볼 수 있는 형태로, 평소 체내의 영양 밸런스가 양호하거나 운동이나 체력단련을 통해 근육이 발달하신 분들에게서 나타나는 모습입니다.

2) 계단형 : 일반형

처음에 감량이 시작되다 중간에 정지기간이 있은 후 다시 감량이 계속되는 경우입니다. 이러한 반복이 여러 번 있을 수 있습니다. 대부분의 여성들에게서 나타나는 일반적인 유형이라고 할 수 있는데요. 체중감량이 정지한 기간에도 체지방 자체는 계속 줄어들고 있으며, 이 기간 동안에는 부족한 근육을 만들고 체수분을 채워주는 기간입니다. 체지방은 줄어도 근육과 체수분이 늘어나니 체중은 그대로이지요.

근육이 채워지고 나면 다시 체중은 줄어들기 시작합니다. 한편 여성들의 생리기간에는 체내지방이 축적되기 때문에, 남성들이 한 달 동안 쭈욱 감량이 된다면 여성들은 한 달에 절반밖에 감량이 안 된다고 봐도 됩니다.

그런데 체중의 감량이 정지된 기간에도 옷 사이즈는 계속 줄어듭니다. 근육보다는 지방의 부피가 훨씬 크기 때문에 체중 자체의 변화는 없어도, 전체적인 신체 사이즈는 줄어들고 있는 거지요.

줄자로 재어 보시거나 사진을 찍어보시면 그렇다는 사실이 드러납니다.

3) 절벽형 : 영양부족형

다이어트를 시작했는데도 처음 한동안은 체중의 변화가 보이지 않다가, 일정한 시점을 지나고부터 감량이 시작되는 경우입니다. 처음의 정지기간이 1-2개월 가까이 지속될 수도 있습니다. 이런 경우는 평소의 불규칙한 식습관으로 인한 영양부족 또는 약물복용, 과도한 음주, 초저칼로리의 굶는 다이어트를 반복해온 분들에게서 흔히 나타납니다.

몸의 기능이 정상으로 회복되고 나면 본격적인 감량이 시작됩니다. 올바른 다이어트 시스템을 통해 꾸준히 운동을 병행할 경우 체중이 한꺼번에 쑤욱 빠질 수도 있습니다.

한편 비만과 관련해서는 지방세포의 수와 크기로 대별되는데요. 우리 몸에는 대략 2-3천억 개의 지방세포가 있답니다. 그런데 어릴 때부터 살이 쪄서 소아비만으로 시작한 경우에는 지방세포의 숫자 자체가 많은 경우라서, 단순히 지방세포의 크기만 큰 성인이후 비만보다는 다이어트로 인한 체지방의 조절이 한결 어려운 게 사실입니다. 이런 경우에도 체중감량 형태가 절벽형으로 나타나기가 쉽습니다.

4) 고깔형 : 허약형(근육부족형)

다이어트를 시작하면 처음 일정 기간 동안 오히려 체중이 늘어나는 타입입니다. 이런 분들은 대개 몸이 허약하고 근육이 부족하기 때문에, 체지방을 줄이기보다는 근육을 먼저 만들어주기 때문에 처음에 체중이 약간 늘었다가 감량이 시작되는 유형입니다. 위의 '절벽형'과도 유사한 면이 있는데, 오히려 몸이 더 부실한 경우지요. 이런 분들은 다이어트 초기에는 운동을 잠시 미루시는 게 좋겠습니다. 너무 무리가 될 수 있으니까요.

그런데 간혹 예외적으로 몸에 별다른 이상이 없는 건강한 분들 중에도 이런 경우가 있을 수 있는데요, 이 경우는 근육의 생성속도가 아주 빨라서 그렇습니다. 근육의 생성이 완성되고 나면 1개월 내외의 짧은 기간 안에 빠른 속도로 체중의 감량이 일어납니다.

다이어트 기간 중에 체중감량에 대한 기대가 넘쳐서 아침, 점심, 저녁으로 너무 자주 체중계에 몸을 실으시는 분들도 계신데, 이는 바람직하지 못합니다. 왜냐하면 체중감량의 정지기간이 나타나는 계단형이나 절벽형, 또는 오히려 초기에 체중이 늘어나는 고깔형의 경우에는 체중이 줄어들지 않는데 대해서 비통해하면서 불만을 늘어놓거나 아니면 또다시 다이어트를 실패로 규정하고 포기를 하려 들 수도 있기 때문이지요.

그런데 계단형이든 절벽형이든, 또는 고깔형이든간에 공통적으로 체중은 줄지 않고 오히려 늘어도 상하체가 줄어드는 느낌, 그리고 옷이 조금씩 헐렁해지고 허리 사이즈가 줄어드는 등의 기막힌 경험은 반드시 하시게 됩니다. 그래서 이러한 체지방과 근육과 체중의 작용 메커니즘을 충분히 알려드린다면 절대 중간에 그만두시지는 않겠지요. 중요한 것은 체중이 아니라 바로 체지방이기 때문입니다.

9. 주요 다이어트 성분

올바른 다이어트를 위해서 우리에게 도움을 주는 주요 다이어트 성분들에 대해서 알아보겠습니다. 주로 식물영양소 성분들인데요. 이러한 성분들은 인위적으로 우리 몸의 신진대사를 왜곡시키지 않으면서, 적절한 칼로리 조절과 운동을 병행하며 섭취하였을 경우 우리가 목표로 하는 체지방을 줄일 수 있게 도와줍니다. 올바른 다이어트 시스템과 같은 비워라, 태워라, 채워라의 순서로 해나가겠습니다.

1) 비워라 : 간 해독, 장 청소, 혈관청소
(1) 레몬 디톡스
레몬 디톡스는 전반적으로 우리 몸의 독소를 배출하기 위한 것입니다. 레몬 속에 풍부하게 함유된 비타민C와 '에시오시트린'이란 항산화성분의 기능에 의한 것인데요. 독소배출로 인한 다이어트 효과 외에도 피부 개선 및 신진대사 촉진, 변비해소 등의 부수적인 이득을 얻을 수 있습니다.

레몬 디톡스는 일종의 '칼로리 제한'을 통한 해독과정인데요. 우리 몸은 평상시 신진대사 과정 중에서 생성된 유해성분 중 미처 해독 처리하지 못한 부분을 나중에 처리하기 위해 주로 지방세포 속에 가둬둡니다. 그런데 칼로리 제한을 통해 소화대사에 대한 부담이 줄어들면서, 평상시 제대로 처리하지 못하고 지방세포 속에 가둬두었던 독소를 처리하게 되고 이 과정에서 지방세포도 함께 분해하는 효과를 가져오게 됩니다. 그래서 레몬 디톡스를 통해 줄어드는 체중은 주로 체지방의 감량에 의한 것입니다.

레몬 디톡스를 진행하면서 주의해야 될 점은 다음과 같습니다. 비록 칼로리 자체는 제한되지만 필수적인 비타민과 미네랄은 충분히 공급해 주어야 한다는 점이며, 또한 칼로리 제한을 통해서 진행되므로 최대 2주 이내의 비교적 단기간 내에 마쳐야 한다는 점입니다. 그리고 평소에 허약한 체질이거나 호르몬 계통의 질환이 의심되는 분들은 건강을 회복한 이후에 진행하는 것이 바람직합니다. 간혹 어떤 분들의 경우에는 의욕적으로 디톡스에 임했다가 초반에 일시적으로 많은 양의 독소가 해독되면서, 그 탁한 기운으로 쓰러지기도 합니다. 집안을 막 청소하기 시작하면 가라앉아 있던 먼지가 부옇게 일어나는 것과 같은 현상이지요.

(2) 밀크씨슬 : 간 해독

밀크씨슬은 보라색 꽃을 갖고 있는 국화과 엉겅퀴 식물의 일종으로 남유럽과 북아프리카가 원산지랍니다. 유효성분은 플라보노이드의 일종인 '실리마린'인데, 간에서 항산화효소인 글루타치온의 생성을 증가시켜 간의 해독기능을 돕고 유해물질로부터 간세포를 보호하며 손상된 간 조직의 재생을 돕습니다. 간 기능이 나빠지거나 간이 손상된 사람을 대상으로 한 인체적용 연구시험에서도 간 기능의 중요한 지표인 AST(GOT), ALT(GPT) 수치가 개선됨이 이미 확인되고 있습니다.

밀크씨슬은 간 기능 개선과 관련하여 식약청의 평가를 거친 개별인정형 성분입니다. 개별인정형이라 함은 건강기능식품 공전에 등재되어 있어 누구나 제조할 수 있는 비타민, 미네랄, 식이섬유 등의 일반적인 원료와는 달리, 개별적으로 안전성, 기능성, 기준 및 규격 등에 관해 식약청의 심사를 거쳐 인정받은 사업자만이 사용할 수 있는 원료 성분을 말합니다. 당연히 그 평가절차가 까다롭고 어렵겠지요.

(3) 대맥 화이버 : 식이섬유

발효된 보리줄기에서 추출한 식이섬유입니다. 식이섬유에 대해서는 우리가 영양소를 공부하면서 충분히 살펴본 적이 있지요. 식이섬유는 우리 몸에서는 소화할 수 없는 섬유 성질의 화합물질로서 장의 건강에 굉장히 중요한 역할을 한다고 했습니다. 여타의 영양소들이 우리 몸의 에너지원이나 구성성분으로 사용되는 것과는 달리, 식이섬유는 장 속에서 지방 등을 흡착해서 오히려 들어올 때보다 더 많이 부풀어서 나갑니다.

지방 제거 능력을 기준으로, 일반 야채의 식이섬유인 '셀룰로오스'가 6%(들어올 때 100→나갈 때 106), 사과나 감귤류의 껍질에 있는 '펙틴'이 8% 정도라고 합니다. 이에 반해서 대맥 화이버의 경우에는 아래에서 설명드릴 동물성 식이섬유 키토산과 결합될 때 그 효능이 50%까지 이르는 최적의 다이어트 성분 식이섬유입니다.

(4) 키토산 : 동물성 식이섬유

키토산은 게나 새우와 같은 갑각류의 껍질에 함유되어 있는 키틴을 원료로 합니다. 이러한 키틴을 탈아세틸화 과정을 거쳐서 우리가 식품에 사용할 수 있게 얻어진 물질을 키토산(Chitosan)이라고 합니다. 키토산은 동물성 식이섬유로서, 식물성 식이섬유와 결합하여 사용할 경우에는 지방은 물론 중금속을 흡착하여 제거하는 등 큰 시너지효과를 낼 수 있습니다.

그 외에도 일반적으로 언급되는 키토산의 효능은 다음과 같습니다. 세포 활성화와 면역력 증강작용, 대사촉진 및 혈당상승 억제, 콜레스테롤 흡수억제와 조정 작용, 발암물질과 방사선물질 및 중금속 제거작용, 항암, 빈혈 개선, 신장 기능 개선 등입니다.

(5) 손바닥 선인장 : 장 청소

가장 흔한 부채선인장 종류의 하나로, 줄기가 손바닥처럼 평평하다고 해서 손바닥 선인장이라고도 합니다. 우리나라에서 자생하는 손바닥 선인장 중에서 제주도 등지에서 자생하는 것을 흔히

백년초, 내륙에서 월동이 가능한 것을 천년초라고 부르고 있습니다.

손바닥 선인장은 열매와 줄기 부분을 식용으로 사용하는데, 열매와 줄기를 갈아서 공복에 마시면 변비치료, 이뇨효과, 장운동의 활성화 및 식욕증진에 효과가 있을 뿐만 아니라 당뇨, 천식, 고혈압 등에도 효능이 뛰어나다고 하여 예로부터 민간요법으로도 사용되어 왔습니다. 무엇보다 식이섬유질이 풍부하여 장 건강에 뛰어난 기능을 발휘합니다.

(6) 다시마 추출물 : 장 청소, 혈관청소

갈조류인 다시마는 알칼리성 저칼로리 식품으로 성분의 약 절반 정도는 탄수화물이고, 그 중 20%가 수용성 섬유질이며 나머지가 알긴산(Alginic acid)입니다.

표면의 미끌미끌한 해조류 섬유질인 알긴산은 장내에서 콜레스테롤을 흡착·배설하여 고지혈증이나 동맥경화를 예방해 주며, 장의 움직임을 활발히 하여 배변을 촉진시켜 변비를 개선하여 줍니다.

그 외에도 다시마에는 요오드, 칼슘, 칼륨, 마그네슘 등이 많이 들어있습니다. 요오드는 갑상선호르몬의 구성성분으로서 갑상선 질환을 예방하는 한편, 신진대사를 활발하게 해줍니다. 칼륨 또한 나트륨의 배설을 촉진시켜 주기 때문에 고혈압, 심장병 등의 예방에 도움을 줍니다. 한편 다시마에는 암세포를 자멸시키는 아폽토시스(세포자살) 작용을 하는 '후코이단(Fucoidan)'이라는 성분이 충분히 들어있어 항암효과도 뛰어나다고 합니다.

(7) 오메가3 지방산 : 혈관청소

오메가3 지방산의 주요 기능성분은 EPA(에이코사펜타에노산 Eicosapentaenoic acid)과 DHA(도코사헥사엔산 Docosahexaenoic acid)입니다. EPA는 혈관내 천연부동액이라고 할 정도로 혈관을 깨끗하게 해주며 기억력을 관장하는 대뇌 해마세포의 주요성분이기도 합니다. 대사 과정을 거쳐, 혈류순환을 촉진하고 면역반응을 조절하며 염증과 혈전을 억제하는 '프로스타그란딘' 3형의 원료가 됩니다. DHA는 뇌세포와 망막세포의 원료입니다. 머리가 좋아지고 눈이 밝아집니다.

대개의 오메가3 지방산은 알파리놀렌산으로부터 체내 대사 과정을 거쳐 EPA로 전환되고, 이어서 EPA가 다시 DHA로 전환되는 과정을 거치지만, 나이가 들어 우리 몸이 노화하게 되면 대사에 필요한 효소기능이 떨어져 전환이 덜 일어나게 됩니다. 그러면, 오메가3 지방산 성분이라도 EPA성분을 직접 섭취하시는 것이 더욱 효과적입니다. EPA와 DHA는 생선유에 많이 함유되어 있으며, DHA는 특히 참치에서 많이 추출합니다. 남극의 크릴새우 같은 경우에는 양쪽이 모두 풍부한 아주 고순도의 오메가3 지방산이 함유되어 있습니다. 참고로 크릴새우는 새우 아닙니다. 동물성 플랑크톤입니다.

오메가3 지방산의 일반적인 효능은 다음과 같습니다. 혈중 콜레스테롤 및 중성지방의 수치를 낮춤으로써 고혈압, 고지혈증, 뇌혈관, 심장혈관, 동맥경화 등의 혈관질환 예방에 당근 좋습니다.

또한 원활한 혈액순환을 통해 염증과 혈전의 생성을 억제하며, 관절염이나 당뇨의 예방과 개선에도 효과가 큽니다. 두뇌건강과 치매 예방에 좋으며, 유방암과 직장암의 예방 등 항암효과도 발휘한다고 합니다.

(8) 아마인유 : 식물성 오메가3 지방산

아마인유는 아마의 씨앗에서 추출한 기름으로 오메가3 불포화 지방산입니다. 아마는 중앙아시아 원산의 1년초 식물로 예전부터 이집트와 터키 등에서 중요한 섬유자원과 약용자원으로 재배해 왔다고 합니다.

아마인(아마의 씨앗)에는 오메가3 지방산뿐만 아니라 마그네슘, 칼륨, 비타민 B군, 단백질, 아연 등 우리 몸의 건강에 매우 유익한 성분이 풍부하게 함유되어 있습니다.

우리가 올바른 다이어트 시스템을 위한 주요 다이어트 성분을 소개하면서, 혈관청소를 위한 식물성 오메가3 지방산의 대표로서 아마인유를 소개하고는 있지만, 사실 아마인에는 '리그난'이라고 하는 식물성 여성호르몬(에스트로겐)도 다량 함유되어 있어 머릿결과 피부가 좋아질 뿐만 아니라 갱년기 이후 여성건강에도 큰 도움을 줍니다. 또한 대장에서 유산균이 리그난을 만나면 항암물질 역할을 하여 암을 예방하고 치료하는 데에도 효능을 발휘한다고 합니다.

2) 태워라 : 지방연소, 지방억제, 혈당조절
(1) 콜레우스 포스콜리 : 지방연소, 근육증가

'콜레우스 포스콜리'는 인도 등 동남아시아에서 자생하는 천연 식물입니다. 이 식물은 인도에서 4천여 년 동안 전승되어 온 전통의학요법인 '아유르베다'를 바탕으로 오랫동안 사용되어 왔다고 합니다. 콜레우스포스콜리에서 추출한 유효성분이 '포스린(Forslean)'입니다. 이 포스린 성분은 우리 몸속에서 지방저장고의 지방산을 가동시켜 지방의 산화를 촉진합니다. 즉, 지방이 연소되어 에너지로 활용되게끔 하는 촉매 역할을 한다고 볼 수 있습니다.

우리가 일반적인 다이어트의 문제점을 공부하면서 일부 병의원 등에서 처방받는 식욕억제제에 대해서 알아보았는데요. 이러한 식욕억제제의 대부분이 인위적으로 우리 몸의 교감신경을 활성화시켜 신진대사를 촉진시킴으로서 에너지의 소비를 증대시켜 다이어트의 효과를 거두며, 그 과정에서 여러 가지의 부작용을 겪게 된다는 사실을 알게 되었습니다.

그러나 콜레우스포스콜리에서 추출한 포스린 성분은 우리 몸의 교감신경계를 인위적으로 자극하는 등의 아무런 부작용을 일으키지 않으면서도, 체지방 분해에 작용하는 효소 HSL (Hormone sensitive lipase)을 활성화시킴으로써 지방을 분해하고, 분해된 지방이 에너지로 연소되기 쉽도록 산화를 촉진합니다. 결과적으로 체지방 감소에 큰 역할을 하는 것이지요. 그런데 한 가지 특이한 점은 이 포스린 성분은 근육량 증가에도 도움을 준다는 사실이 확인되고 있어, 기초대사량이 커지게 함으로써 다이어트에 더욱 큰 도움을 주는 성분입니다.

(2) 바나바잎 추출물 : 혈당조절

바나바는 중국남부, 인도, 미얀마, 필리핀, 호주 북부지방에 걸쳐 넓게 서식하는 낙엽성 열대식물이랍니다. 바나나 아닙니다. 바나바는 안전성이 입증된 천연 허브식물 중의 하나로서, 뿌리는 위장병 치료에 사용되고 잎은 건조하여 차로 식용하며 당뇨병 치료제로도 사용을 해 왔다고 합니다.

유효성분인 '코로솔산(Corosolic acid)' 성분은 혈당을 근육세포로 흡수시키는 작용을 촉진시켜서 에너지로 소모시키는 한편, 적절한 혈당치를 유지시키는 작용을 통해 식욕을 조절하며 포만감을 제공해주는 기능을 합니다. 혈당을 조절하는 기능이 중요한 이유는, 우리 몸이 남는 혈당을 지방으로 전환하여 저장하기 때문임은 별도의 설명이 없어도 되겠지요.

(3) 커피빈 추출물 : 지방억제, 연소, 식욕억제

원두커피를 볶기 전 상태인 그린 커피빈(생두)에 다량 함유된 '클로로겐산(Chlorogenic acid)'은 식욕을 억제하고 탄수화물의 흡수를 더디게 하며, 에너지 원료로 포도당 대신 지방의 사용을 촉진함으로써 지방의 흡수와 축적을 억제시키는 역할을 합니다. 이와 더불어 지방을 분해하고 연소를 촉진하는 작용도 뛰어나며, 당뇨 예방 및 항산화작용 등도 확인되고 있답니다.

이외에도 클로로겐산은 우리 몸이 운동할 때 운동의 효율성 및 민첩함을 높이는 데도 도움을 준다고 합니다. 커피빈 성분을 유용한 다이어트 성분으로 사용하고자 할 경우에는, 커피 성분

중에서 혈압과 콜레스테롤 수치를 상승시키는 유해성분인 카페스톨(cafestol)과 카페올(kahweol)은 완전히 걸러진 채, 기능성분인 클로로겐산만 추출해야 합니다.

(4) 홍화유 : 지방억제, 연소

홍화는 국화과의 초본으로 붉은 황색의 꽃이 피는데, 원래는 이 꽃 자체를 부인병이나 생리로 인한 복통 등의 약재로 쓰기도 합니다. 우리가 주요 다이어트의 성분으로 활용하는 성분은 이 홍화의 씨앗에서 추출한 공액리놀렌산(CLA, Conjugated linoleic acid)입니다.

공액리놀렌산은 오메가6 지방산이면서도 일반 오메가6 성분과는 달리, 우리 몸에서 지방을 축적하는데 관여하는 LPL(Lipoprotein lipase) 효소를 억제함으로써 다이어트에 대단히 유익한 기능을 합니다.

또한 체내 지방을 세포로 옮기는데 필요한 역할을 하는 '카르니틴' 효소를 활성화시켜 지방의 산화를 촉진시키며, 지방 세포의 아폽토시스(apoptosis), 즉 지방 세포가 스스로 파괴되는 메커니즘을 활성화시켜 지방세포 수의 감소에도 작용합니다.

미국 오하이오 주립대학은 당뇨를 가진 갱년기 여성들을 대상으로 한 연구에서, 홍화 오일을 규칙적으로 복용할 경우 16주에 뱃살의 6.3%가 감소되었다고 발표한 적이 있습니다.

(5) 고추유 : 지방억제, 연소, 신진대사 활성화

고추의 주요 효능성분은 '캡사이신'으로 신진대사를 활성화하는 기능이 있습니다. 최근까지의 여러 연구논문에 따르면 캡사이신 성분이 지방의 합성을 방해하여 지방축적을 줄이면서, 지방의 연소를 촉진시켜 체지방 감소와 체중의 감량에 도움을 준다고 밝히고 있습니다.

예전에 보면 감기나 몸살이 난 분들에게 고춧가루를 탄 물을 마시게 하는 경우가 있었는데요, 아마도 신진대사를 활성화시키는 고추의 매운 성분을 통해 열을 발생시킴으로써, 감기와 몸살을 이기려는 민간의 지혜가 아닌가 생각이 됩니다. 날씨가 싸늘하고 몸이 으슬으슬해지면 왠지 매운 고추장찌개가 생각이 나는군요.

(6) 가르시니아 캄보지아 : 지방억제, 식욕조절

가르시니아 캄보지아는 주로 인도의 남서지방에서 많이 자생하는 열대식물입니다. 열매의 껍질부위를 주로 사용하는데, 껍질부위에 기능성분인 HCA(hydroxycitric acid)가 많이 함유되어 있습니다.

HCA는 체내에서 여분의 탄수화물이 지방으로 합성되는 경로를 방해함으로써 체지방 증가를 막아주는 효과가 있습니다. 또한 세포내 에너지 대사를 위해 간과 근육에 준비되는 '에너지현금' 글리코겐의 축적을 증가시키는 기능이 있어, 이러한 작용이 뇌의 식욕중추에 전달되어 식욕이 억제되는 효능도 있습니다.

(7) 녹차 : 지방분해, 스트레스 조절

지방분해와 관련한 녹차의 유효성분은 '카테킨'입니다. 영양소의 식이섬유 편을 공부할 때, 중국 사람들이 기름진 음식을 많이 섭취하면서도 비만인 사람이 그렇게 많지 않은 이유를 추정하면서 녹차의 카테킨 성분의 효능에 대해서 설명한 적이 있습니다. 녹차의 주요 효능성분인 카테킨은 '새로운 혈관 형성을 억제'하는 기능이 있어, 암세포의 성장을 억제하고 지방세포를 태워버리는 역할을 한다고 했습니다. 그래서 암세포 억제와 지방연소가 같은 작용 기전이라는 것을 말씀드렸습니다.

그런데 카테킨 성분 자체가 강력한 항산화제입니다. 활성산소에 의한 공격을 막고 노화된 우리 몸의 세포, 조직을 다시 재생시키는데 강력한 효과를 발휘합니다. 지금까지의 카테킨에 대한 여러 연구들에 의하면, 녹차 카테킨은 항균, 항독 작용이 강하여 암이나 동맥경화를 억제하며, 류마티스 관절염, 구강염, 심질환, 치매, 중풍 등을 예방하는데 도움을 준다고 합니다. 중금속, 환경호르몬, 알콜, 영양의 편중, 자외선, 스트레스 등 체내 오염에 의한 세포, 유전자의 손상을 방지하며 독소의 배출에도 탁월한 효과를 보입니다. 그 외에도 이뇨, 해열, 피부미용, 골다공증 예방, 면역증강 등의 효과를 가져옵니다. 정말 좋은 성분입니다. 녹차건강, 녹차미인이라는 말이 생각납니다.

녹차의 또 다른 주요한 성분은 '테아닌'입니다. 테아닌은 녹차가 뿌리에서 영양분을 흡수, 합성하여 잎에 저장한 성분으로 햇빛을 받기 전의 성분인데요, 햇빛을 받으면 카테킨으로 바뀝니다. 즉 카테킨으로 변화하기 직전의 성분이지요. 사실 이 부분은 다음에 설명할 '채우기'의 스트레스 조절과도 관련되는 부분입니다. 테아닌은 우리 뇌의 뇌파를 아주 편안한 상태인 '알파파'로 유지시켜 줌으로써 스트레스를 조절하고 긴장을 완화시켜 줍니다. 녹

차에는 커피와 같이 카페인 성분이 포함되어 있는데도, 녹차를
마시면 커피와는 달리 흥분되지 않고 안정되는 이유가 바로 이
테아닌 때문입니다. 테아닌은 또한 행복호르몬인 세로토닌과 의
욕과 활력의 호르몬 도파민의 분비를 촉진시켜 주는 한편 면역
증강에도 도움이 됩니다.

(8) 돌외잎 추출물 : 지방억제, 지방연소

돌외는 교고람 또는 칠엽담이라고도 불리는 다년생 덩굴식물입
니다. 우리나라에는 제주도, 울릉도 등지에 분포하며, 해외에는
중국, 일본, 인도, 말레이시아 등에도 있답니다. 예전부터 기관지
염, 해수(기침) 등에 쓰이는 약재로, 덩굴차로 이용하기 위해서
재배하기도 했습니다. 최근 연구결과 인삼의 사포닌 성분인 진세
노사이드가 다량 포함되어 있다고 합니다.

돌외의 효능으로는 면역력을 높이고 에너지를 보충해주며, 강
력한 소염작용으로 관절염, 기관지염 등 염증을 삭히고 통증을
줄여주는 한편, 만성 스트레스와 불안장애를 개선하는 효능도 있
답니다. '액티포닌'이라는 기능성분이 체내 에너지생산과 관련한
효소기능을 활성화시켜, 체지방 연소를 촉진시키고 지방축적을
억제시키는 기능을 합니다.

(9) 샤프란 : 식욕억제, 스트레스 조절

창포, 붓꽃과에 속하는 다년생 풀로 암술을 말려서 사용합니다.
스페인, 이탈리아, 프랑스 등 남부유럽과 터키 등 소아시아 지역
원산입니다. 강한 노란색으로 독특한 향과 쓴맛, 단맛을 내며,

요리와 약용, 염료 및 향신료로 사용됩니다. 100g을 만들기 위하여 암술 15,000개를 모아 말려야 하기 때문에 세계에서 가장 비싼 향신료라고 합니다.

예전에는 암술대를 말려서 월경곤란·갱년기장애·습관성 유산·자궁출혈과 백일해 등에 약으로 사용하였습니다. 또한 열을 내리고 경련을 줄이며 비대해진 간의 회복에 도움을 줄 뿐만 아니라 타박상, 류머티즘, 신경통의 진통제, 신경안정제로도 사용했다고 합니다. 강력한 스트레스 완화제로서, 적은 양의 식사로도 포만감과 만족감을 높여줄 수 있게 해줍니다.

(10) 코코아 추출물 : 식욕억제, 스트레스 조절

초콜릿의 원료가 되는 코코아는 카카오 콩을 가공하여 만든 것으로 칼슘·철분·칼륨 등 무기질이 풍부한 알칼리성 식품입니다. 카카오 콩에 포함된 강력한 항산화 물질인 폴리페놀 성분은 활성산소를 억제하고, 피를 맑게 하고 혈압을 낮춤으로써 협심증이나 심근경색 같은 심혈관질환과 고혈압 등을 예방하며, 스트레스나 알레르기 등에도 효과가 있습니다.

코코아 추출물의 다이어트적인 기능과 관련해서는 주로 정신을 편안한 상태로 유지시켜 식욕억제에 효능을 미치는 성분들과 관련해서입니다. 우선 카카오 폴리페놀이 스트레스를 감소시켜 노화방지에 도움을 주는데 이어, '테오브로민'이라는 성분은 대뇌피질을 부드럽게 자극하여 정신을 맑게 하고, 말초혈관을 확장시키고 혈액순환을 촉진시켜 피로를 잘 풀리게 합니다. 또한 '페닐에틸아민'이라는 성분도 마음을 편안하게 안정시켜주는 작용을 합니다.

3) 채워라 : 여성호르몬, 스트레스 조절, 세포기능 강화
(1) 석류 : 여성호르몬

석류의 씨앗에는 식물성 여성호르몬의 일종인 '이소플라본'이 다량 함유되어 있어 여성들의 갱년기 이후 건강에 좋은 작용을 합니다. 우리가 다이어트를 공부하면서 채워야 되는 성분으로 여성호르몬을 지목하는 이유는, 여성호르몬 에스트로겐이 콜레스테롤을 조절하는 기능을 하는데 여성들이 갱년기 이후에 에스트로겐의 분비가 줄어들면 지방의 축적이 가속화되기 때문입니다.

그래서 갱년기 이후의 여성분들은 젊은 여성들보다 다이어트의 효과가 느리게 나타납니다. 그런데 에스트로겐을 직접 투여하면 여러 가지 부작용의 우려가 있어, 이를 대체가능한 식물영양소로 섭취하기를 권장하며 이는 다이어트뿐만 아니라 여성들의 일반적인 건강에도 크게 도움을 주게 됩니다.

석류의 성분은 여성호르몬의 대체효과뿐만 아니라 여분의 지방을 제거하는 데에도 도움을 줍니다. 이외에도 석류는 주름예방, 피부탄력, 피부노화방지 등의 피부미용과, 당뇨병의 개선, 소화작용, 불임과 동맥경화 예방에도 효과를 발휘합니다.

미국 오하이오 주립대학의 연구결과에 의하면, 석류의 껍질에 함유된 '타닌' 성분이 유방암의 발생 위험을 낮춰주는 효과가 있다고도 합니다.

(2) 콩 : 여성호르몬

콩에도 식물성 여성호르몬 성분인 '이소플라본'이 다량 함유되어 있습니다. 이소플라본 성분이 에스트로겐을 대신하여 다이어트에 도움을 주는 것은 물론, 여성들의 일반적인 갱년기, 폐경기 증상을 완화하는데 도움을 주는 아주 유익한 성분입니다.

혈압을 조절하여 갱년기 이후 여성들 건강의 가장 큰 적인 심혈관 질환의 예방에 도움을 주고요. 또한 노년기 삶의 질을 좌우하는 골다공증 예방에도 큰 도움을 줍니다. 이는 뼈에서 칼슘이 빠져나가는 것을 이소플라본 성분이 에스트로겐을 대신해서 막아주기 때문입니다.

(3) 백수오 : 여성호르몬

'흰 머리가 까마귀처럼 검은 머리가 되었다'는 뜻의 백수오(백하수오)는 박주가리과 은조롱(큰조롱)의 뿌리를 말합니다. 일반적으로 하수오라고 하면 붉은 것과 흰 것이 있는데, 붉은 것을 적수오라고 하며 흰 것을 백수오라고 합니다. 한방에서는 자양강장, 보혈 등의 효능이 있어, 병후쇠약, 빈혈, 조기백발, 신경쇠약 등을 치료하는 약재로 사용한다고 합니다. 이 백수오의 주요 효능 성분은 '레시틴'입니다.

레시틴은 인체시험을 통해 갱년기 이후 여성건강과 관련한 10가지 항목(안면홍조/얼굴 화끈거림/발한, 불면증, 신경질, 우울증, 어지럼증, 피로감, 관절통/근육통, 피부 간지러움, 질 건조/분비물감소, 손발 저림)에서 개선효과가 확인되었습니다. 또한 자궁내막세포, 조골세포 등에서 에스트로겐과 유사한 효과를 보임

으로써 대퇴부 골밀도와 뼈의 단백질 성분이 개선되는 것도 확인
되었습니다.

이외에도 레시틴은 뇌신경조직의 구성성분으로 치매를 예방하
고, 소장에서 콜레스테롤의 흡수를 막아 콜레스테롤 수치조절에
도 도움을 줍니다. 또한 혈관에 붙는 지방성분을 녹여주는 효과로
동맥경화 등의 혈관계질환을 예방하는 효과도 있습니다.

일반적으로 계란과 콩에도 많은 성분인데, 백수오 추출 레시틴
성분은 우리나라 식약청에서 갱년기 여성건강에 도움을 주는 원
료로 개별인정을 받았으며, 미국 식품의약국(FDA)에도 건강기
능식품 신소재로 등록이 되어 있습니다.

(4) 락티움 : 스트레스 조절

락티움은 '유단백가수분해물'이라고 하는데, 탈지우유에서 분
리한 카제인을 가수분해하여 만들어진 생리활성 성분입니다. 엄
마의 젖을 먹고 난 이후의 아이가 지극히 평온한 모습을 보이는데
서 착안하여 개발된 기능성분이라고 하는데요. 스트레스로 인한
혈압상승과 스트레스 호르몬의 분비를 감소시키며, 정서적인 안
정을 유지하는 데 뛰어난 기능을 발휘하는 사실이 입증되고 있습
니다.

평소 스트레스를 많이 받는 직장인이나 수험생들의 긴장완화에
도 도움이 되고 잠도 편안히 잘 잘 수 있게 해주겠네요.

우리가 비만을 공부하면서 대부분의 비만인들은 부족한 사랑을
먹는 것으로 대체하려다 사랑은 못 채우고 지방만 가득 채운 '우
울증' 환자이며, 그러한 스트레스가 지속되면 계속적으로 혈당을

보충하라는 압력으로 작용한다는 사실을 알았습니다. 그래서 스트레스를 조절하여 평온하고 행복한 기분을 유지하는 것은 다이어트에 핵심적인 부분이기도 합니다.

(5) 체리 추출물 : 스트레스 조절

장미과에 속하는 과일나무로 유럽서부에서 터키에 걸친 지역을 원산으로 하는 유럽계와, 현재의 중국 부근을 원산으로 하는 동아시아계의 두 계통이 있습니다. 섬유질인 식이섬유가 풍부한 체리에 많이 함유된 영양성분은 '케르세틴'과 '안토시아닌'으로 모두 강력한 항산화 물질입니다.

체리는 또 소염·살균 효과가 탁월하고, 위장에 순하게 작용해 류머티스성 관절염이나 편두통 환자에게 좋다는 연구도 있습니다. 이 외에도 체리에 들어 있는 식물성 '멜라토닌'성분은 생체리듬을 조절하는 기능을 해 수면을 유도, 불면증에 좋습니다.

(6) 동충하초 : 세포 미토콘드리아 활성화

동충하초는 '겨울에는 벌레 여름에는 풀'이란 뜻의 이름입니다. 곰팡이의 일종인 버섯의 균이 살아 있는 곤충의 몸속으로 들어가 영양분을 파먹고 자라서 곤충의 몸 밖으로 나오게 됩니다. 이렇게 해서 균사로 채워진 죽은 곤충의 시체와 그 몸에서 나온 버섯을 합친 것을 동충하초라고 합니다. 주요 유효성분은 '코디세핀(Cordycepin)'입니다.

중국에서는 예로부터 인삼, 녹용과 더불어 불로장생과 정력증강, 강장의 효능이 있다 해서 3대 한방 약재로 취급되어 왔다고 하는데요. 진시황과 양귀비가 애용하였고, 93세까지 장수한 등소평도 말년까지 꼭꼭 먹었답니다. 동충하초는 세포건강에 탁월한 효과를 발휘하여, 면역력 증강, 노화예방, 혈압과 혈당의 정상유지로 고혈압 및 당뇨치료에 도움을 주는 것은 물론 피로회복, 자양강장, 스트레스 해소에 탁월한 효능을 보입니다. 또한 콜레스테롤과 중성지방 제거로 다이어트에 직접적으로 주는 효과도 대단히 뛰어납니다.

올바른 다이어트 시스템과 관련하여 세포건강이 중요한 이유는, 세포 속의 미토콘드리아가 늘어나고 활성화되어 부지런히 에너지를 만들어내게 되면 지방으로 저장될 칼로리가 남지 않게 되겠지요. 그렇게 되면 다이어트 이후의 체지방과 체중의 유지, 조절이 굉장히 쉬워지기 때문입니다. 한 마디로 세포건강은 '요요 없는 다이어트의 완결판'입니다.

이러한 동충하초는 전세계에 대략 300여종 이상 발견되는데 약용으로 사용 가능한 것은 몇 가지 되지 않는다고 합니다. 예로부터 그 효능이 높이 칭송되는 진짜 동충하초는 중국과 티베트 등지의 해발 3-4천 미터 이상 고원지대에서 매우 제한적으로 자생하는 박쥐나방과의 유충에서 나온 시넨시스 동충하초(코디셉스 시넨시스 Cordyceps sinensis)라고 합니다. 자연산 시넨시스 동충하초는 kg당 수 천만 원을 호가하기도 한답니다.

국내에서는 이 시넨시스 동충하초에서 분리한 균사체(CS-4)를 이용하여 배양, 가공한 동충하초 발효추출물이 이미 식약청으로부터 개별인정형 원료로 그 효능을 인정받았습니다. 이 외에도 식용 가능한 종류로는 눈꽃 동충하초, 밀리타리스 동충하초 등이 있습니다만, 눈꽃 동충하초에서는 유효성분인 코디세핀이 발견되지 않고, 밀리타리스 동충하초에는 코디세핀이 함유되어 있다는 연구결과들이 있지만 아직 식약청에서는 그 효능을 인정받지 못하고 있다고 합니다.

참고 도서

<노화의 비밀> 조셉 창, 송인선 역, 서영출판사, 2011
<당신의 세포가 병들어가고 있다> 이동환, 동도원, 2008
<디톡스하라> 박순동, 판미동, 2013
<몸이 젊어지는 기술> 오타 시게오, 김영설·이홍규 역, 청림life, 2011
<미토콘드리아 칸타타> 권승찬, 다만북스, 2011
<생로병사의 비밀 2> KBS 생로병사의 비밀 제작팀, 도서출판 가치창조, 2005
<역삼투압 정수기가 사람 잡는다> 손상대, 서영출판사, 2012
<의식혁명> 데이비드 호킨스, 이종수 역, 한문화멀티미디어, 1997
<테이핑요법 & 자세교정> 박춘서, 지구문화, 2011
<현대인을 위한 건강디자인> 박춘서, 지구문화, 2010
<Body Designer Academy> 박순동, 국제바디디자이너협회, 2012
<Pharmanex Product Guide> 민희도, 다만북스, 2007
<The Aging Myth> Joseph Chang, Ph.D., Aylesbury Publishing, 2011
기타 인터넷 자료 <네이버 지식백과> 등

올바른 다이어트 시스템
비워라! 태워라! 채워라!

1판 1쇄 : 인쇄 2014년 5월 01일
1판 1쇄 : 발행 2014년 5월 05일

지은이 : 박대우
감수 : 대한비만관리사협회
펴낸이 : 서동영
펴낸곳 : 서영출판사

출판등록 : 2010년 11월 26일(제25100-2010-000011호)
주소 : 서울시 마포구 서교동 465-4 광림빌딩 2층 201호
전화 : 02-338-0117   팩스 : 02-338-7161
이메일 : sdy5608@hanmail.net
ⓒ박대우 seo young printed in seoul korea
ISBN 978-89-97180-36-3   14590